AF453532

(C.)

SYSTÈME COMPLET

DE

CALCUL MENTAL

ET

MÉTHODE DE CALCUL ABRÉGÉE

d'après

UN PLAN ENTIÈREMENT NOUVEAU

Par A. RYDER

Directeur de Saint-Paul et Inspecteur de la Librairie étrangère

A DIEPPE (SEINE-INFÉRIEURE).

Prix : 5 Francs.

DIEPPE

IMPRIMERIE D'ÉMILE DELEVOYE

Rue des Tribunaux, 7.

AVANT-PROPOS.

Il en est des livres comme des hommes ;
pour pouvoir les apprécier, il faut les étu-
dier, les approfondir.

Quint.

Présenter à la jeunesse un système complet de calcul mental, ainsi qu'une méthode de calcul abrégée, d'après un plan entièrement nouveau, — tel est le but de l'auteur.

Les explications données s'adressent surtout aux personnes peu habituées à un langage scientifique. — Ce n'est donc pas pour les mathématiciens qu'il écrit.

Toutefois, ceci posé, il se hasarde à dire que ce livre peut convenir à tous les âges, à toutes les conditions.

A l'ouvrier, — qui pourra y puiser, dans ses courts moments de loisir, une instruction simple et facile.

A l'étudiant, — qui y découvrira, sans grand travail, des choses souvent neuves pour lui, et qui lui seront d'ailleurs d'un fréquent usage.

A la mère de famille, — qui, tout en s'instruisant elle-même, pourra aisément aussi instruire ses enfants.

Au négociant, — qui, dans ses opérations commerciales, soit de vente ou d'achat, trouvera souvent occasion d'avoir recours à cette méthode abrégée.

2

Peut-être enfin ce livre sera-t-il honoré de la bienveillante attention de MM. les professeurs.

Non-seulement ils trouveront matière à s'exercer, dans un but de vérification, à convertir en équations plusieurs des règles, des méthodes qui y sont exposées.

Ils y puiseront encore un précieux avantage, — celui de commander facilement l'attention des élèves, — en imprimant à chacune de leurs classes un intérêt toujours nouveau, — en fournissant chaque jour un nouvel aliment à leur curiosité.

Ainsi ce livre pourra trouver sa place dans les lycées et dans les pensions, aussi bien que dans les familles.

Cet opuscule est divisé en récréations. — Pour chacune d'elles, il est toujours donné une règle sûre, simple et facile, — et de nombreux exemples comme applications de la règle donnée.

Au moyen des exemples et des explications qui les accompagnent, cinq ou dix minutes au plus suffiront pour faire parfaitement comprendre aux élèves la règle qui fait l'objet d'une récréation.

Quant aux maisons d'éducation, l'auteur considèrera comme une grande faveur que MM. les professeurs, s'occupant de mathématiques, veuillent bien prendre chaque jour quelques minutes sur leur classe pour initier les élèves à sa méthode.

Il a la confiance que le résultat sera de nature à justifier pleinement leur condescendance à lui prêter leur bienveillant concours.

Un élève énoncerait la règle par cœur, puis il en ferait sur le tableau l'application, en démontrant le premier exemple.

Un autre serait chargé de démontrer le deuxième exemple, et ainsi de suite ; de manière que tous les élèves auraient chaque jour un exemple à démontrer.

Exercés de la sorte, ils ne tarderaient pas à acquérir une grande aptitude à calculer ; et leur facilité à trouver promptement, de vive voix, des produits assez élevés, ne laisserait pas que d'étonner le professeur lui-même.

Mais les jeunes gens oublient vite. — Il arrive souvent que le lendemain ils ne savent plus ce qu'on leur a appris la veille.

Il serait donc peut-être indispensable que les élèves eussent tous ce livre entre les mains, — avantage qui leur faciliterait les moyens d'en mieux saisir les règles, — de les mieux classer dans la tête, — et de s'exercer à en faire eux-mêmes l'application dans les exemples donnés.

Enfin, comme cette méthode se résume en une étude toute pratique, peut-être aussi serait-il fort utile de faire deux fois par semaine la récapitulation des leçons déjà vues.

UN DERNIER MOT AUX ÉLÈVES.

S'agit-il de trouver, de mémoire, le produit de deux nombres un peu élevés, — celui, par exemple, d'un nombre de deux chiffres, — par un autre nombre aussi de deux chiffres. — L'auteur leur recommande, jusqu'à ce qu'ils aient une parfaite habitude de sa méthode, d'écrire ces nombres sur le tableau. — Ayant les deux facteurs devant les yeux, il leur sera plus facile d'en donner le produit.

S'agit-il d'un problème à résoudre. — Il les engage à n'en chercher la solution qu'autant qu'ils sauront l'énoncé par cœur.

SIGNES EMPLOYÉS DANS CET OUVRAGE.

N° 1. Ce signe $=$ est le signe de l'égalité. Il s'énonce ainsi :   est égal à... ou sont égaux à...   Ainsi l'expression $7+2=9$, s'énonce sept plus deux est égal à neuf.

N° 2. Ce signe $+$ est le signe de l'addition. Il signifie plus... ou augmenté de...   Ainsi l'expression $4+3=7$, s'énonce quatre plus trois, ou quatre augmenté de trois, est égal à sept.

N° 3. Ce signe $-$ est le signe de la soustraction. Il signifie moins... ou diminué de...   Ainsi l'expression $9-5=4$, s'énonce neuf moins cinq, ou neuf diminué de cinq, est égal à quatre.

$8-7+12=13$, s'énonce huit moins sept plus douze est égal à treize.

$16+10-2=24$, s'énonce seize plus dix moins deux est égal à vingt-quatre.

N° 4. Ce signe $\times$ est le signe de la multiplication. Il signifie multiplié par...   Ainsi l'expression $9\times6=54$, s'énonce neuf multiplié par six est égal à cinquante-quatre.

$(12-7) \times 4 = 20$,   s'énonce (douze moins sept) multiplié par quatre est égal à vingt.

$(5+3) \times 6 = 48$,   s'énonce (cinq plus trois) multiplié par six est égal à quarante-huit.

$5 + (3 \times 6) = 23$,   s'énonce cinq plus (trois multiplié par six) est égal à vingt-trois (*).

$25 - (3 \times 8) = 1$,   s'énonce vingt-cinq moins (trois multiplié par huit) est égal à un.

$(7+5) \times (9-6) = 36$,   s'énonce (sept plus cinq) multiplié par (9 moins six) est égal à trente-six.

Nº 5.   Ce signe : est le signe de la division.   Il s'énonce divisé par...   Ainsi l'expression $12 : 3 = 4$, s'énonce douze divisé par trois est égal à quatre.

Nº 6.   Au lieu de l'expression $12 : 3 = 4$, on peut écrire $\frac{12}{3} = 4$,   ou $\left.\begin{smallmatrix}12\\ ..\end{smallmatrix}\right\{ \frac{3}{4}$ (**).

(*) Dans toutes ces expressions, cinq plus (trois multiplié par 6) est égal à..., pour cinq plus (trois multipliés par 6) sont égaux à..., je sous-entends le mot nombre. — Le nombre 5, augmenté du produit 3 fois 6, donne ou est égal à 23.

(**) L'expression $\frac{12}{3}$ s'appelle une fraction, ou une expression fractionnaire, et s'énonce en général 12 tiers. Ainsi 12 tiers ou $\frac{12}{3}$ signifie 12 divisé par 3. — De même $\frac{30}{5}$ est une expression fractionnaire, et s'énonce trente cinquièmes, ou 30 à diviser par 5.

De même 30 à diviser par 5, peut s'écrire $30 : 5 = 6$, ou $\frac{30}{5} = 6$, ou $30 \left\lfloor \frac{5}{6} \right.$.

$(5+3) : 2 = 4$, s'énonce (5 plus 3) ou 8 divisé par 2 est égal à 4. On peut aussi écrire $\frac{5+3}{2} = \frac{8}{2} = 4$.

$(5+13-2) : 8 = 2$, signifie (5 plus 13 moins 2), ou 18—2, ou enfin 16 divisé par 8, est égal à 2. On peut aussi écrire $\frac{5+13-2}{8} = \frac{18-2}{8} = \frac{16}{8} = 2$.

$(8 \times 5) : 10 = 4$, ou $\frac{8 \times 5}{10} = 4$, s'énonce (8 multiplié par 5), ou 40 divisé par 10, est égal à 4.

$(5+7) \times (8-3) : 6 = 10$, ou $\frac{(5+7) \times (8-3)}{6} = \frac{12 \times 5}{6} = \frac{60}{6} = 10$, s'énonce (5 plus 7), ou 12, multiplié par (8—3) ou 5 ; c'est-à-dire (12 multiplié par 5) divisé par 6, ou enfin 60 divisé par 6, est égal à 10.

NOTIONS PRÉLIMINAIRES.

N° 7.   Le résultat de l'addition s'appelle *somme* ou *total*.

Ainsi dans l'expression $4+5=9$, 9 est la somme, le total.

N° 8.   Le résultat de la soustraction s'appelle *reste, excès* ou *différence*.

Ainsi dans l'expression $8-6=2$, 2 est la différence entre les nombres 8 et 6.

N° 9.   Le résultat de la multiplication s'appelle *produit*.

Ainsi dans l'expression $8\times3=24$, 24 est le produit de la multiplication.

N° 10.   On dit encore que 24 est le produit des facteurs 8 et 3.   (On appelle *facteurs* du produit ou de la multiplication, les nombres multipliés.)

N° 11.   Le nombre à multiplier s'appelle *multiplicande*, et le nombre par lequel on multiplie s'appelle *multiplicateur*.

Ainsi dans l'expression 8×3, 8 est le multiplicande, et 3 est le multiplicateur.

Nº 12.   Le résultat de la division s'appelle *quotient*.

Ainsi dans l'expression 36 : 4, ou $\frac{36}{4} = 9$, 9 est le quotient.

Nº 13.   Le nombre à diviser s'appelle *dividende*, et le nombre par lequel on divise s'appelle *diviseur*.

Dans l'expression ci-dessus, 36 est le dividende, et 4 est le diviseur.

Nº 14.   Enfin le dividende est un produit dont les 2 facteurs sont le diviseur et le quotient.

Ainsi dans l'expression 36 : 4=9, ou $\frac{36}{4}=9$, 36 est le produit des 2 facteurs 4 et 9.

Nº 15.   Donc la division est une opération dans laquelle étant donnés le produit de 2 facteurs et l'un de ces 2 facteurs, on propose de trouver l'autre facteur.

Nº 16.   Donc aussi la division est une opération dans laquelle on cherche un 3ᵉ nombre nommé *quotient*, qui, multipliant le *diviseur*, doit reproduire le *dividende*.

Nº 17.   Enfin on peut dire que la division est une opération dans laquelle on cherche un 3ᵉ nombre nommé *quotient*, qui soit au *dividende*, comme l'*unité* est au *diviseur*.

Ainsi dans 24 : 8, comme l'unité est la 8ᵉ partie du diviseur 8, le quotient sera la 8ᵉ partie du dividende 24 ; c'est-à-dire 3. En effet, 24 : 8 $=$ 3.

Dans 24 : 1, l'unité étant égale au diviseur, le quotient sera égal au dividende, ou 24.

Dans 24 : $\frac{1}{2}$, l'unité étant égale au double du diviseur, le quotient sera égal au double du dividende, ou à 48.

N° 18. Donc diviser un nombre par $\frac{1}{2}$, c'est le multiplier par 2.

Dans 24 : $\frac{1}{3}$, l'unité est le triple du diviseur ; donc le quotient sera le triple du dividende, ou $24 \times 3 = 72$.

Donc diviser un nombre par $\frac{1}{3}$, revient à le multiplier par 3.

N° 19. La multiplication est une opération par laquelle on répète un nombre nommé *multiplicande*, autant de fois qu'il y a d'unités dans un autre nombre nommé *multiplicateur*. Le résultat s'appelle *produit*.

4×3. Il y a 3 unités dans le multiplicateur ; je répèterai donc 3 fois le multiplicande 4, comme suit :

$$4 + 4 + 4 = 12. \quad \text{Donc } 4 \times 3 = 12.$$

N° 20. La multiplication est aussi une opération par laquelle on cherche un nombre nommé *produit,* qui soit au *multiplicande,* comme le *multiplicateur* est à l'*unité.*

4×3. Le multiplicateur est égal à 3 fois l'unité. Donc le produit sera égal à 3 fois le multiplicande ; c'est-à-dire à 3 fois 4, ou 12.

24×1. Le multiplicateur est égal à 1 fois l'unité ; donc le produit sera égal à 1 fois le multiplicande, ou à 1 fois 24, ou à 24.

$24 \times \frac{1}{2}$. Le multiplicateur est égal à la moitié de l'unité. Donc le produit sera égal à la moitié du multiplicande, ou à $\frac{1}{2}$ fois 24 ; c'est-à-dire à la moitié de 24, ou à 12.

N° 21. Donc multiplier un nombre par $\frac{1}{2}$, c'est le diviser par 2, c'est en prendre la moitié.

$24 \times \frac{1}{3}$. Le multiplicateur est égal au tiers, ou à la 3ᵉ partie de l'unité. Donc le produit sera égal au tiers, ou à la 3ᵉ partie du multiplicande ; c'est-à-dire à 8.

N° 22. Donc multiplier un nombre par $\frac{1}{3}$, c'est en prendre la 3ᵉ partie ; c'est le diviser par 3.

$24 \times \frac{1}{12}$. Le multiplicateur est égal au douzième, ou à la 12ᵉ partie de l'unité. Donc le produit sera égal au douzième, ou à la 12ᵉ partie du multiplicande ; c'est-à-dire à 2.

N° 23. Donc multiplier un nombre par 1 douzième, ou par $\frac{1}{12}$, c'est en prendre la 12ᵉ partie ; c'est le diviser par 12.

N° 24. Donc, en général, multiplier un nombre par une fraction ayant 1 pour numérateur, revient à diviser ce nombre par le dénominateur de la fraction.

Ainsi $56 \times \frac{1}{7}$, revient à 56 divisé par 7. $56 \times \frac{1}{7} = 56 : 7 = \frac{56 \times 1}{7} = \frac{56}{7} = 8$.

N° 25. Donc enfin prendre une partie fractionnaire d'un nombre, c'est-à-dire multiplier un nombre par une fraction, revient à multiplier ce nombre par le numérateur de la fraction, et à diviser le produit par le dénominateur.

Ainsi soit $48 \times \frac{5}{16}$.

On aura $(48 \times 5) : 16$, $= 240 : 16 = 15$, ou $\frac{48 \times 5}{16} = \frac{240}{16} = 15$. Donc le produit de $48 \times \frac{5}{16}$ est 15.

En effet, dans $48 \times \frac{5}{16}$, le multiplicateur étant égal à 5 fois la 16ᵉ partie de l'unité, le produit doit être égal à 5 fois la 16ᵉ partie du multiplicande (N° 20).

Or, 1 fois la 16e partie de 48 = 3, et 5 fois cette 16e partie = $3 \times 5 = 15$.

$24 \times 2\frac{1}{2}$. Le multiplicateur est égal à deux fois et demie l'unité ; donc le produit sera égal à deux fois et demie le multiplicande, ou à 60.

En effet, $24 \times 2\frac{1}{2} = (24 \times 2) + (24 \times \frac{1}{2})$. Or, $24 \times 2 = 48$, et $24 \times \frac{1}{2} = 12$ (N° 21) ; enfin $48 + 12 = 60$.

N° 26. Une fraction exprime une ou plusieurs parties de l'unité *(ou d'un tout quelconque)*, divisée en un nombre quelconque de parties toutes égales.

Elle est formée de 2 nombres séparés par une petite barre horizontale. Le nombre qui est au-dessous de la barre s'appelle *dénominateur*. Le nombre au-dessus de la barre s'appelle *numérateur*.

1° Le dénominateur indique en combien de parties égales l'unité *(ou le tout)* a été divisée.

2° Le numérateur indique combien de ces parties l'on prend.

Dans $\frac{3}{8}$, par exemple, le dénominateur 8 indique que l'unité est partagée en 8 parties égales. Le numérateur 3 indique que l'on prend 3 de ces parties.

N° 27. Toute division peut se mettre sous la forme d'une fraction. Le dividende en sera le numérateur, et le diviseur en sera le dénominateur.

N° 28.   Réciproquement, toute fraction peut être considérée comme une division à effectuer. Le numérateur sera alors le dividende, et le dénominateur sera le diviseur.

Ainsi 24 : 8 peut s'écrire $\frac{24}{8}$; et, réciproquement, $\frac{24}{8}$ peut s'écrire 24 : 8. Le résultat ou le quotient 3 ne varie pas.

N° 29.   Dans la division, on peut multiplier ou diviser par un même nombre le dividende et le diviseur, sans changer le quotient.

Ainsi dans 36 : 9=4, si l'on multiplie 36 et 9 par le même nombre 2, on aura pour nouveaux dividende et diviseur, 72 et 18 ; mais le quotient ne change pas. En effet,   72 : 18=4.

Si l'on divise 36 et 9 par un même nombre 3, on aura pour nouveaux dividende et diviseur, 12 et 3 ; le quotient sera toujours 4.   12 : 3=4.

N° 30.   Par la même raison (N° 28), on peut multiplier ou diviser par un même nombre les 2 termes d'une fraction, sans changer la valeur de cette fraction.

Ainsi dans $\frac{12}{24}$, si l'on multiplie les 2 termes par un même nombre, soit par 6, on aura $\frac{72}{144}$, qui a la même valeur que $\frac{12}{24}$ ou $\frac{1}{2}$; car toute fraction est à l'unité. comme son numérateur est à son dénominateur. Or, 72 est la moitié de 144, comme 12 est la moitié de 24, comme 1 est la moitié de 2.

Si enfin on divise les 2 termes 12 et 24 de la fraction $\frac{12}{24}$ par 12, on aura $\frac{1}{2}$, c'est-à-dire le même résultat.

N° 31. On appelle nombre entier celui qui contient l'unité une ou plusieurs fois exactement, comme 1, 5, 36, etc.

N° 32. On appelle multiple d'un nombre celui qui contient ce nombre une ou plusieurs fois exactement. 4, par exemple, est un multiple de 1, parce qu'il contient le nombre 1 plusieurs fois exactement. 28 est un multiple de 7, parce qu'il contient 7 un nombre entier de fois sans reste.

N° 33. Une fraction dont les 2 termes sont égaux est égale à l'unité *(ou au tout)* (N°ˢ 26, 1° et 2°; 28 et 30).

Ainsi $\frac{1}{1}$, $\frac{2}{2}$, $\frac{3}{3}$, $\frac{4}{4}$, $\frac{9}{9}$, $\frac{21}{21}$, $\frac{253}{253}$, sont des fractions égales chacune à l'unité.

En effet, si dans chacune de ces fractions on divise le numérateur par le dénominateur, on a 1 pour quotient, ou pour valeur de la fraction.

N° 34. Donc autant de fois le numérateur contient le dénominateur, autant de fois la fraction contient l'unité (N° 30).

Ainsi dans $\frac{28}{7}$, le numérateur 28 contient 4 fois le dénominateur 7. Donc la fraction contient 4 fois l'unité, ou est égale à 4 ; en effet, $\frac{28}{7}=4$.

N° 35.   Un nombre est dit *pair*, lorsque son dernier chiffre à droite est un chiffre pair, savoir : 0, ou 2, ou 4, ou 6, ou 8.

N° 36.   Un nombre est dit *impair*, lorsque son dernier chiffre à droite est un chiffre impair, savoir : 1, ou 3, ou 5, ou 7, ou 9.

N° 37.   Nous appellerons *la plus petite moitié* d'un nombre, le résultat que l'on obtient en divisant par 2 un nombre impair, après qu'on l'aura diminué de 1.

Ainsi la plus petite moitié de 27 sera $(27-1) : 2$, ou $26 : 2 = 13$.   La plus petite moitié de 27 est donc 13.

N° 38.   On appelle *carré* ou 2e puissance d'un nombre, le résultat ou le produit de ce nombre multiplié par lui-même.

Autrement, le carré ou la 2e puissance d'un nombre, est le produit de 2 facteurs égaux à ce nombre.

Ainsi   le carré de 4 est 16 ,   car $4 \times 4 = 16$.
le carré de 1 est 1 ,   car $1 \times 1 = 1$.
le carré de 6 est 36 ,   car $6 \times 6 = 36$.

N° 38 bis.   Le carré ou la 2e puissance d'un nombre, s'indique souvent en écrivant un petit 2, au haut et à la droite de ce nombre.

Ainsi 2^2 signifie 2×2 ou 4.
De même $6^2 = 6 \times 6 = 36$.

3

PREMIÈRE LEÇON.

Première Récréation.

N° 39. Pour doubler ou pour multiplier par 2 un nombre plus grand que 10, 17, par exemple, je me dis :

17 est égal à $(10+7)$; par conséquent, 2 fois 17 sera égal à (2 fois 10) et à (2 fois 7), c'est-à-dire à $(20+14)=34$. Donc $17\times2=34$.

---

2 fois 29. $29=(20+9)$. Donc 2 fois 29 sera égal à (2 fois 20) et à (2 fois 9), c'est-à-dire à $(40+18)=58$. Donc $29\times2=58$.

---

2 fois 58. $58=(50+8)$. 2 fois $58=(2$ fois $50)+(2$ fois 8) ou $(100+16)=116$. Donc $58\times2=116$.

---

2 fois 347. $347=(300+40+7)$. 2 fois $347=(2$ fois $300)+(2$ fois $40)+(2$ fois 7) ou $(600+80+14)=694$. Donc $347\times2=694$.

$135\times2=(100\times2)+(30\times2)+(5\times2)$ ou $(200+60+10)=270$. Donc $135\times2=270$.

Quelqu'un, je suppose, me demande le produit de 2 fois 96.

Mentalement je décompose 96 en $(90+6)$. Le produit sera donc *(toujours mentalement)* $(90\times2)+(6\times2)=(180+12)=$ *(alors je reprends tout haut)* 192.

EXERCICES.

Quel est le produit de	Ce travail se fait mentalement.	Réponse à h^{te} voix
$19 \times 2 =$	$(10 \times 2) + (9 \times 2) = (20+18) =$	38
$28 \times 2 =$	$(20 \times 2) + (8 \times 2) = (40+16) =$	56
$39 \times 2 =$	$(30 \times 2) + (9 \times 2) = (60+18) =$	78
$43 \times 2 =$	$(40 \times 2) + (3 \times 2) = (80+ 6) =$	86
$57 \times 2 =$	$(50 \times 2) + (7 \times 2) = (100+14) =$	114
$69 \times 2 =$	$(60 \times 2) + (9 \times 2) = (120+18) =$	138
$75 \times 2 =$	$(70 \times 2) + (5 \times 2) = (140+10) =$	150
$88 \times 2 =$	$(80 \times 2) + (8 \times 2) = (160+16) =$	176
$97 \times 2 =$	$(90 \times 2) + (7 \times 2) = (180+14) =$	194
$21 \times 2 =$	$(20 \times 2) + (1 \times 2) = (40+ 2) =$	42
$37 \times 2 =$	$(30 \times 2) + (7 \times 2) = (60+14) =$	74
$48 \times 2 =$	$(40 \times 2) + (8 \times 2) = (80+16) =$	96
$53 \times 2 =$	$(50 \times 2) + (3 \times 2) = (100+ 6) =$	106
$65 \times 2 =$	$(60 \times 2) + (5 \times 2) = (120+10) =$	130
$73 \times 2 =$	$(70 \times 2) + (3 \times 2) = (140+ 6) =$	146
$86 \times 2 =$	$(80 \times 2) + (6 \times 2) = (160+12) =$	172
$95 \times 2 =$	$(90 \times 2) + (5 \times 2) = (180+10) =$	190

Deuxième Récréation.

POUR TRIPLER, POUR QUADRUPLER UN NOMBRE.

Quel est le produit de	Ce travail se fait mentalement.	Réponse à h^{te} voix
$17 \times 3 =$	$(10 \times 3) + (7 \times 3) = (30+21) =$	51
$17 \times 4 =$	$(10 \times 4) + (7 \times 4) = (40+28) =$	68
$26 \times 3 =$	$(20 \times 3) + (6 \times 3) = (60+18) =$	78
$26 \times 4 =$	$(20 \times 4) + (6 \times 4) = (80+24) =$	104
$35 \times 3 =$	$(30 \times 3) + (5 \times 3) = (90+15) =$	105
$35 \times 4 =$	$(30 \times 4) + (5 \times 4) = (120+20) =$	140

Quel est le produit de	Ce travail se fait mentalement.	Réponse à h^{te} voix
$47 \times 3 =$	$(40 \times 3) + (7 \times 3) = (120 + 21) =$	141
$47 \times 4 =$	$(40 \times 4) + (7 \times 4) = (160 + 28) =$	188
$69 \times 3 =$	$(60 \times 3) + (9 \times 3) = (180 + 27) =$	207
$69 \times 4 =$	$(60 \times 4) + (9 \times 4) = (240 + 36) =$	276
$74 \times 3 =$	$(70 \times 3) + (4 \times 3) = (210 + 12) =$	222
$74 \times 4 =$	$(70 \times 4) + (4 \times 4) = (280 + 16) =$	296
$98 \times 3 =$	$(90 \times 3) + (8 \times 3) = (270 + 24) =$	294
$98 \times 4 =$	$(90 \times 4) + (8 \times 4) = (360 + 32) =$	392

Repasser attentivement ces deux premières récréations.

Troisième Récréation.

Quel est le produit de	Ce travail se fait mentalement.	Réponse à h^{te} voix.
$16 \times 2 =$	$(20 + 12) =$	32
$16 \times 3 =$	$(30 + 18) =$	48
$16 \times 4 =$	$(40 + 24) =$	64
$27 \times 2 =$	$(40 + 14) =$	54
$27 \times 3 =$	$(60 + 21) =$	81
$27 \times 4 =$	$(80 + 28) =$	108
$38 \times 2 =$	$(60 + 16) =$	76
$38 \times 3 =$	$(90 + 24) =$	114
$38 \times 4 =$	$(120 + 32) =$	152
$49 \times 2 =$	$(80 + 18) =$	98
$49 \times 3 =$	$(120 + 27) =$	147
$49 \times 4 =$	$(160 + 36) =$	196

Quel est le produit de	Ce travail se fait mentalement.	Réponse à h^{te} voix.
56 × 2 =	(100 + 12) =	112
56 × 3 =	(150 + 18) =	168
56 × 4 =	(200 + 24) =	224
67 × 2 =	(120 + 14) =	134
67 × 3 =	(180 + 21) =	201
67 × 4 =	(240 + 28) =	268
78 × 2 =	(140 + 16) =	156
78 × 3 =	(210 + 24) =	234
78 × 4 =	(280 + 32) =	312
85 × 2 =	(160 + 10) =	170
85 × 3 =	(240 + 15) =	255
85 × 4 =	(320 + 20) =	340
99 × 2 =	(180 + 18) =	198
99 × 3 =	(270 + 27) =	297
99 × 4 =	(360 + 36) =	396
63 × 2 =	(120 + 6) =	126
63 × 3 =	(180 + 9) =	189
63 × 4 =	(240 + 12) =	252
87 × 2 =	(160 + 14) =	174
87 × 3 =	(240 + 21) =	261
87 × 4 =	(320 + 28) =	348
45 × 2 =	(80 + 10) =	90
45 × 3 =	(120 + 15) =	135
45 × 4 =	(160 + 20) =	180
37 × 2 =	(60 + 14) =	74
37 × 3 =	(90 + 21) =	111
37 × 4 =	(120 + 28) =	148

DEUXIÈME LEÇON.

Quatrième Récréation.

Nº 40. RÈGLE GÉNÉRALE POUR TROUVER LA MOITIÉ D'UN NOMBRE.

1º Quand un chiffre pair n'est pas précédé à gauche d'un chiffre impair, prenez-en simplement la moitié ;

2º Quand, au contraire, il est précédé d'un chiffre impair, augmentez de 10 ce chiffre pair, puis prenez la moitié du résultat ;

3º Quand un chiffre impair n'est pas précédé d'un autre chiffre impair, prenez-en la plus petite moitié (Nº 37) ;

4º Quand un chiffre impair est précédé d'un autre chiffre impair, augmentez le second de 10, puis prenez la plus petite moitié du résultat ;

5º Quand le chiffre des unités est impair, ajoutez $\frac{1}{2}$ au résultat.

D. Quelle est la moitié de 62 ?

R. Les deux chiffres sont pairs. Je prends donc : 1º la moitié de 6 ; 2º la moitié de 2 ; et j'ai 31 pour moitié de 62 (Nº 40, 1º).

D. Quelle est la moitié de 86 ?

R. Les deux chiffres sont encore pairs. Je prends donc la moitié de 8, qui est 4 ; puis la moitié de 6, qui est 3 ; et j'ai 43 pour moitié de 86 (Nº 40, 1º).

D. Quelle est la moitié de 824 ?

R. Les trois chiffres étant pairs, je prends la moitié de chacun d'eux, et j'ai pour réponse 412 (N° 40, 1°).

D. Quelle est la moitié de 47 ?

R. 1° Le chiffre 4 est pair, et n'est précédé à gauche d'aucun chiffre : j'en prends donc simplement la moitié, savoir 2 (N° 40, 1°) ; 2° le chiffre 7 est impair, et n'est pas précédé à gauche d'un autre chiffre impair ; j'en prends donc la plus petite moitié, qui est 3 (N° 40, 3°) ; 3° le chiffre des unités est impair ; j'ajouterai donc au résultat $\frac{1}{2}$; et j'ai 23 $\frac{1}{2}$ pour réponse.

D. Quelle est la moitié de 69 ?

R. 6 est pair, et n'est précédé d'aucun chiffre ; j'en prends donc la moitié (N° 40, 1°). 9 est impair, et n'est pas précédé d'un autre chiffre impair ; j'en prends donc la plus petite moitié (N° 40, 3°). Enfin le dernier chiffre est impair ; j'ajoute donc $\frac{1}{2}$ au résultat (N° 40, 5°) ; et j'ai 34 $\frac{1}{2}$ pour réponse.

D. Quelle est la moitié de 85 ?

R. Je prends la moitié de 8 (N° 40, 1°) ; puis la plus petite moitié de 5 (N° 40, 3°) ; enfin j'ajoute $\frac{1}{2}$ (N° 40, 5°) ; et j'ai 42 $\frac{1}{2}$ pour réponse.

D. Quelle est la moitié de 83 ?

R. D'après (N° 40, 1°, 3° et 5°), j'ai pour réponse 41 $\frac{1}{2}$

D. Quelle est la moitié de 849 ?

R. D'après (N° 40, 1°, 3° et 5°), j'ai pour résultat 424 $\frac{1}{2}$.

D. Quelle est la moitié de 88 ?

R. 44 (N° 40, 1°).

D. Quelle est la moitié de 264 ?

R. 132 (N° 40, 1°).

D. Quelle est la moitié de 89 ?

R. 44 $\frac{1}{2}$ (N° 40, 1°, 3° et 5°).

D. Quelle est la moitié de 67 ?

R. 33 $\frac{1}{2}$ (N° 40, 1°, 3°, 5°).

D. Quelle est la plus petite moitié de 47 ? (Voy. N° 37.)

R. (47—1) : 2 = 46 : 2 = 23 (N° 40, 1°).

D. Quelle est la plus petite moitié de 69 ? (Voy. N° 37.)

R. (69—1) : 2 = 68 : 2 = 34 (N° 40, 1°).

D. Quelle est la plus petite moitié de 85 ? (Voy. N° 37.)

R. (85—1) : 2 = 84 : 2 = 42 (N° 40, 1°).

Cinquième Récréation.

D. Quelle est la moitié de 12?

R. 1° Le chiffre 1 est impair, et il n'est pas précédé d'un autre chiffre impair; j'en prends donc la plus petite moitié (N° 40, 3°) : mais cette plus petite moitié se réduit à zéro ou rien, car 1—1=0 (N° 37) ;

2° Le chiffre 2 est pair, et il est précédé à gauche d'un chiffre impair; j'augmente donc ce 2 de 10, ce qui fait 12, dont je prends la moitié (N° 40, 2°).

Ainsi, 6 est la réponse.

D. Quelle est la moitié de 18 ?

R. 9. (Voyez ci-dessus.)

D. Quelle est la moitié de 34 ? (N° 40, 3° et 2°.)

R. La plus petite moitié de 3 est 1 (N° 37); la moitié de 4+10=14 : 2=7. 17 est donc la moitié de 34.

D. Quelle est la moitié de 98? (N° 40, 3° et 2°.)

R. 4 suivi de 9, ou 49.

D. Quelle est la moitié de 418? (N° 40, 1°, 3° et 2°.)

R. 2, puis 0, puis 9, ou 209.

D. Quelle est la moitié de 836? (N° 40, 1°, 3° et 2°.)

R. 4, puis 1, puis 8, ou 418.

D. Quelle est la moitié de 290 ? (N° 40, 1°, 3°, 2°.)

R. 1, puis 4, puis 5,   ou 145.

D. Quelle est la moitié de 37 ?

R. 1° Le chiffre 3 est impair, et n'est pas précédé à gauche d'un autre chiffre impair ; j'en prends donc la plus petite moitié (N° 40, 3°) ; 2° le chiffre 7 est impair, et il est précédé à gauche d'un autre chiffre impair ; j'augmente donc de 10 ce chiffre 7, et je prends la plus petite moitié du résultat 17 (N° 40, 4°) ; 3° le chiffre des unités est impair ; j'ajoute donc $\frac{1}{2}$ au résultat (N° 40, 5°) ; et j'ai pour réponse 1, puis 8, puis $\frac{1}{2}$,   ou 18 $\frac{1}{2}$.

D. Quelle est la moitié de 59 ?

R. D'après (N° 40, 3°, 4° et 5°), j'aurai 2, puis 9, puis $\frac{1}{2}$,   ou 29 $\frac{1}{2}$.

D. Quelle est la moitié de 97 ?

R. D'après (N° 40, 3°, 4° et 5°), j'aurai 4, puis 8, puis $\frac{1}{2}$,   ou 48 $\frac{1}{2}$.

D. Quelle est la moitié de 75 ? (N° 40, 3°, 4° et 5°.)

R. 3, puis 7, puis $\frac{1}{2}$,   ou 37 $\frac{1}{2}$.

D. Quelle est la moitié de 91 ? (N° 40, 3°, 4°, 5°.)

R. 4, puis 5, puis $\frac{1}{2}$,   ou 45 $\frac{1}{2}$.

D. Quelle est la moitié de 57? (N° 40, 3°, 4°, 5°.)

R. 2, puis 8, puis $\frac{1}{2}$,   ou 28 $\frac{1}{2}$.

D. Quelle est la moitié de 99? (N° 40, 3°, 4°, 5°.)

R. 4, puis 9, puis $\frac{1}{2}$,   ou 49 $\frac{1}{2}$.

Sixième Récréation.

D. Quelle est la moitié de 478? (N° 40, 1°, 3°, 2°.)

R. 2, puis 3, puis 9,   ou 239.

D. Quelle est la moitié de 715? (N° 40, 3°, 4°, 4°, 5°.)

R. 3, puis 5, puis 7, puis $\frac{1}{2}$,   ou 357 $\frac{1}{2}$.

D. Quelle est la moitié de 937? (N° 40, 3°, 4°, 4°, 5°.)

R. 4, puis 6, puis 8, puis $\frac{1}{2}$,   ou 468 $\frac{1}{2}$.

Quel est le produit de	Ce travail se fait mentalement.	Réponse à h^{te} voix
$49 \times 2 =$	$(40 \times 2) + (9 \times 2) = (80 + 18) =$	98
$49 \times 3 =$	$(40 \times 3) + (9 \times 3) = (120 + 27) =$	147
$49 \times 4 =$	$(40 \times 4) + (9 \times 4) = (160 + 36) =$	196
$54 \times 2 =$	$(50 \times 2) + (4 \times 2) = (100 + 8) =$	108
$54 \times 3 =$	$(50 \times 3) + (4 \times 3) = (150 + 12) =$	162
$54 \times 4 =$	$(50 \times 4) + (4 \times 4) = (200 + 16) =$	216
$75 \times 2 =$	$(70 \times 2) + (5 \times 2) = (140 + 10) =$	150
$75 \times 3 =$	$(70 \times 3) + (5 \times 3) = (210 + 15) =$	225
$75 \times 4 =$	$(70 \times 4) + (5 \times 4) = (280 + 20) =$	300

D. Quelle est la moitié de 84 ?

R. 42 (N° 40, 1°).

D. Quelle est la moitié de 68 ?

R. 34 (N° 40, 1°).

D. Quelle est la moitié de 87 ?

R. 43 $\frac{1}{2}$ (N° 40, 1°, 3°, 5°).

D. Quelle est la moitié de 95 ?

R. 47 $\frac{1}{2}$ (N° 40, 3°, 4°, 5°).

D. Quelle est la plus petite moitié de 83 ?

R. $(83-1) : 2 = 82 : 2 = 41$ (N° 37).

D. Quelle est la plus petite moitié de 67 ?

R. $(67-1) : 2 = 66 : 2 = 33$ (N° 37).

D. Quelle est la moitié de 39 ?

R. 19 $\frac{1}{2}$ (N° 40, 3°, 4°, 5°).

D. Quelle est la moitié de 75 ?

R. 37 $\frac{1}{2}$ (N° 40, 3°, 4°, 5°).

D. Quelle est la plus petite moitié de 93 ?

R. $(93-1) : 2 = 92 : 2 = 46$ (N° 37).

D. Quelle est la plus petite moitié de 79?

R. $(79-1) : 2 = 78 : 2 = 39$ (N° 37).

D. Quelle est la moitié de 236? (N° 40, 1°, 3°, 2°.)

R. 1, puis 1, puis 8, ou 118.

D. Quelle est la moitié de 894? (N° 40, 1°, 3°, 2°.)

R. 4, puis 4, puis 7, ou 447.

D. Quelle est la moitié de 358? (N° 40, 3°, 4°, 2°.)

R. 1, puis 7, puis 9, ou 179.

D. Quelle est la moitié de 936? (N° 40, 3°, 4°, 2°.)

R. 4, puis, 6, puis 8, ou 468.

D. Quelle est la moitié de 573? (N° 40, 3°, 4°, 4°, 5°.)

R. 2, puis 8, puis 6, puis $\frac{1}{2}$, ou 286 $\frac{1}{2}$.

D. Quelle est la moitié de 957? (N° 40, 3°, 4°, 4°, 5°.)

R. 4, puis 7, puis 8, puis $\frac{1}{2}$, ou 478 $\frac{1}{2}$.

TROISIÈME LEÇON.

Septième Récréation.

N° 41. Lorsqu'il y a des zéros à la droite des deux nombres qu'il faut multiplier l'un par l'autre, il suffit de multiplier l'un par l'autre ces deux nombres, abstraction faite des zéros, et d'ajouter à la droite du produit autant de zéros qu'il y en a à la droite des deux facteurs.

———

Soit 20 à multiplier par 30, ou 20×30. Les facteurs sont terminés chacun par un 0. Je multiplie donc simplement 2 par 3, sans m'occuper des 0. $2 \times 3 = 6$. A la droite de 6 j'ajoute les deux 0 des deux facteurs, et j'ai 600 pour produit de 20×30.

———

Soit 2800 à multiplier par 40, ou 2800×40. Les deux facteurs sont terminés, l'un par deux 0, et l'autre par un 0, en tout trois 0. Je multiplie donc simplement 28 par $4 = (80 + 32) = 112$; et à la droite de 112 j'écris les trois 0 des deux facteurs 2800 et 40.

Donc $2800 \times 40 = 112000$.

———

190×400. Les deux facteurs sont terminés par trois 0. Je multiplie donc simplement 19 par $4 = (40 + 36) = 76$; et à la droite de 76 j'écris les trois 0 des deux facteurs 190 et 400.

Donc $190 \times 400 = 76000$.

———

250×30. Il y a en tout deux 0 à la droite des facteurs. Je multiplie donc simplement 25 par 3 $= (60+15)=75$; et à la droite de 75 j'écris les deux 0 des deux facteurs 250 et 30.

J'ai donc $250 \times 30 = 7500$.

36×4000. Il y a trois 0 en tout. Je multiplie donc simplement 36 par 4 $= (120+24)=144$; et à la droite de 144 j'écris les trois 0 du second facteur.

Donc $36 \times 4000 = 144000$.

2700×3. Il y a deux 0 en tout à la droite des facteurs. Je multiplie donc simplement 27 par 3 $= (60+21)=81$; et à la droite de 81 j'écris les deux 0 du premier facteur.

Donc $2700 \times 3 = 8100$.

980×200. Il y a trois 0 en tout. Laissant ces trois 0 de côté, je dirai $98 \times 2=(180+16)=196$; et à la droite de 196 j'écrirai les trois 0 des deux facteurs.

Donc $980 \times 200 = 196000$.

Quel est le produit de	Ce travail se fait mentalement.	Réponse à h[te] voix.
$170 \times \quad 20=$	$17 \times 2=(20+14)=34+00=$	3400
$170 \times \quad 30=$	$17 \times 3=(30+21)=51+00=$	5100
$170 \times \quad 40=$	$17 \times 4=(40+28)=68+00=$	6800

Quel est le produit de	Ce travail se fait mentalement.	Réponse à h^{te} voix.
$260 \times 20 =$	$(40+12) = 52+ 00 =$	5200
$260 \times 30 =$	$(60+18) = 78+ 00 =$	7800
$260 \times 40 =$	$(80+24) = 104+ 00 =$	10400
$3500 \times 20 =$	$(60+10) = 70+ 000 =$	70000
$3500 \times 30 =$	$(90+15) = 105+ 000 =$	105000
$3500 \times 40 =$	$(120+20) = 140+ 000 =$	140000
$47 \times 200 =$	$(80+14) = 94+ 00 =$	9400
$47 \times 300 =$	$(120+21) = 141+ 00 =$	14100
$47 \times 400 =$	$(160+28) = 188+ 00 =$	18800
$6900 \times 20 =$	$(120+18) = 138+ 000 =$	138000
$6900 \times 30 =$	$(180+27) = 207+ 000 =$	207000
$6900 \times 40 =$	$(240+36) = 276+ 000 =$	276000
$490 \times 200 =$	$(80+18) = 98+ 000 =$	98000
$490 \times 300 =$	$(120+27) = 147+ 000 =$	147000
$490 \times 400 =$	$(160+36) = 196+ 000 =$	196000
$5600 \times 2 =$	$(100+12) = 112+ 00 =$	11200
$5600 \times 3 =$	$(150+18) = 168+ 00 =$	16800
$5600 \times 4 =$	$(200+24) = 224+ 00 =$	22400
$3800 \times 200 =$	$(60+16) = 76+0000 =$	760000
$3800 \times 300 =$	$(90+24) = 114+0000 =$	1140000
$3800 \times 400 =$	$(120+32) = 152+0000 =$	1520000
$24 \times 2000 =$	$(40+ 8) = 48+ 000 =$	48000
$24 \times 3000 =$	$(60+12) = 72+ 000 =$	72000
$24 \times 4000 =$	$(80+16) = 96+ 000 =$	96000

Huitième Récréation.

POUR MULTIPLIER UN NOMBRE PAR 6, PAR 7 ET PAR 8.

(Voyez N° 39 ; deuxième récréation et la troisième.)

N° 42.

Quel est le produit de	Ce travail se fait mentalement.	Réponse à h^{te} voix.
$17 \times 6 =$	$(60 + 42) =$	102
$17 \times 7 =$	$(70 + 49) =$	119
$17 \times 8 =$	$(80 + 56) =$	136
$19 \times 6 =$	$(60 + 54) =$	114
$19 \times 7 =$	$(70 + 63) =$	133
$19 \times 8 =$	$(80 + 72) =$	152
$23 \times 6 =$	$(120 + 18) =$	138
$23 \times 7 =$	$(140 + 21) =$	161
$23 \times 8 =$	$(160 + 24) =$	184
$35 \times 6 =$	$(180 + 30) =$	210
$35 \times 7 =$	$(210 + 35) =$	245
$35 \times 8 =$	$(240 + 40) =$	280
$47 \times 6 =$	$(240 + 42) =$	282
$47 \times 7 =$	$(280 + 49) =$	329
$47 \times 8 =$	$(320 + 56) =$	376
$39 \times 6 =$	$(180 + 54) =$	234
$39 \times 7 =$	$(210 + 63) =$	273
$39 \times 8 =$	$(240 + 72) =$	312
$29 \times 6 =$	$(120 + 54) =$	174
$29 \times 7 =$	$(140 + 63) =$	203
$29 \times 8 =$	$(160 + 72) =$	232
$33 \times 7 =$	$(210 + 21) =$	231
$33 \times 8 =$	$(240 + 24) =$	264

4

Quel est le produit de	Ce travail se fait mentalement.	Réponse à h^te voix.
$18 \times 2 =$	$(20 + 16) =$	36
$18 \times 3 =$	$(30 + 24) =$	54
$18 \times 4 =$	$(40 + 32) =$	72
$18 \times 6 =$	$(60 + 48) =$	108
$18 \times 7 =$	$(70 + 56) =$	126
$18 \times 8 =$	$(80 + 64) =$	144
$25 \times 2 =$	$(40 + 10) =$	50
$25 \times 3 =$	$(60 + 15) =$	75
$25 \times 4 =$	$(80 + 20) =$	100
$25 \times 6 =$	$(120 + 30) =$	150
$25 \times 7 =$	$(140 + 35) =$	175
$25 \times 8 =$	$(160 + 40) =$	200
$28 \times 2 =$	$(40 + 16) =$	56
$28 \times 3 =$	$(60 + 24) =$	84
$28 \times 4 =$	$(80 + 32) =$	112
$28 \times 6 =$	$(120 + 48) =$	168
$28 \times 7 =$	$(140 + 56) =$	196
$28 \times 8 =$	$(160 + 64) =$	224
$37 \times 2 =$	$(60 + 14) =$	74
$37 \times 3 =$	$(90 + 21) =$	111
$37 \times 4 =$	$(120 + 28) =$	148
$37 \times 6 =$	$(180 + 42) =$	222
$37 \times 7 =$	$(210 + 49) =$	259
$37 \times 8 =$	$(240 + 56) =$	296
$24 \times 2 =$	$(40 + 8) =$	48
$24 \times 3 =$	$(60 + 12) =$	72
$24 \times 4 =$	$(80 + 16) =$	96
$24 \times 6 =$	$(120 + 24) =$	144
$24 \times 7 =$	$(140 + 28) =$	168
$24 \times 8 =$	$(160 + 32) =$	192
$29 \times 7 =$	$(140 + 63) =$	203
$29 \times 8 =$	$(160 + 72) =$	232

Quel est le produit de	Ce travail se fait mentalem*.	Réponse à haute voix.
170 × 60 =	(60+42) = 102	10200 (N° 41)
170 × 70 =	(70+49) = 119	11900 »
170 × 80 =	(80+56) = 136	13600 »
260 × 60 =	(120+36) = 156	15600 »
260 × 70 =	(140+42) = 182	18200 »
260 × 80 =	(160+48) = 208	20800 »
3500 × 60 =	(180+30) = 210	210000 »
3500 × 70 =	(210+35) = 245	245000 »
3500 × 80 =	(240+40) = 280	280000 »
47 × 600 =	(240+42) = 282	28200 »
47 × 700 =	(280+49) = 329	32900 »
47 × 800 =	(320+56) = 376	37600 »
6900 × 60 =	(360+54) = 414	414000 »
6900 × 70 =	(420+63) = 483	483000 »
6900 × 80 =	(480+72) = 552	552000 »
490 × 600 =	(240+54) = 294	294000 »
490 × 700 =	(280+63) = 343	343000 »
490 × 800 =	(320+72) = 392	392000 »
5600 × 6 =	(300+36) = 336	33600 »
5600 × 7 =	(350+42) = 392	39200 »
5600 × 8 =	(400+48) = 448	44800 »
3800 × 600 =	(180+48) = 228	2280000 »
3800 × 700 =	(210+56) = 266	2660000 »
3800 × 800 =	(240+64) = 304	3040000 »
260 × 60 =	(120+36) = 156	15600 »
260 × 70 =	(140+42) = 182	18200 »
260 × 80 =	(160+48) = 208	20800 »
340 × 80 =	(240+32) = 272	27200 »

QUATRIÈME LEÇON.

Neuvième Récréation.

POUR MULTIPLIER UN NOMBRE PAR 5.

N° 43.   Si le nombre à multiplier par 5 est pair, prenez-en la moitié, puis ajoutez un 0 à la droite ; c'est la réponse.

---

5 fois 8, ou 8×5.   Le nombre à multiplier 8 est pair ; j'en prends donc la moitié, ou 4 ; puis à la droite de 4 j'ajoute un 0, ce qui fait 40 ; c'est la réponse.

---

5 fois 28, ou 28×5.   28 est pair, sa moitié est 14 ; à la droite de 14 j'ajoute un 0, cela fait 140 ; c'est la réponse.

86×5.   86 est pair, sa moitié est 43 ; à la droite de 43 j'ajoute un 0, cela fait 430 ; c'est la réponse.

114×5.   114 est pair, sa moitié est 57 ; à la droite de 57 j'ajoute un 0, cela fait 570 ; c'est la réponse.

58×5.   58 est pair, sa moitié est 29 ; à la droite de 29 j'ajoute un 0, cela fait 290 ; c'est la réponse.

N° 44.   Si le nombre à multiplier par 5 est impair, prenez-en la plus petite moitié (N° 37) ; puis à la droite de cette moitié ajoutez, non un 0, mais un 5.

7×5. Le nombre 7 est impair; j'en prends donc la plus petite moitié, savoir 3 (N° 37), et à la droite de 3 j'écris ou j'ajoute un 5. Ainsi j'ai 35 pour réponse.

17×5. 17 est impair; j'aurai donc 8 (N° 37) suivi d'un 5 pour réponse, ou 85.

$39 \times 5 = 19$ (N° 37) suivi d'un $5 = 195$.

$4 \times 5 = 2$ suivi d'un 0 (N° 41) $= 20$.

$18 \times 5 = 9$ suivi d'un 0 (N° 41) $= 90$.

$34 \times 5 = 17$ suivi d'un 0 (N° 41) $= 170$.

$66 \times 5 = 33$ suivi d'un 0 (N° 41) $= 330$.

$92 \times 5 = 46$ suivi d'un 0 (N° 41) $= 460$.

13×5 (N° 42) $= 6$ (N° 37) suivi d'un $5 = 65$.

27×5 (N° 42) $= 13$ (N° 37) suivi d'un $5 = 135$.

49×5 (N° 42) $= 24$ (N° 37) suivi d'un $5 = 245$.

73×5 (N° 42) $= 36$ (N° 37) suivi d'un $5 = 365$.

95×5 (N° 42) $= 47$ (N° 37) suivi d'un $5 = 475$.

128×5 (N° 41) $= 64$ suivi d'un 0 $= 640$.

117×5 (N° 42) $= 58$ (N° 37) suivi d'un 5 $= 585$.

395×5 (N° 42) $= 197$ (N° 37) suivi d'un 5 $= 1975$.

Dixième Récréation.

Quel est le produit de	Mentalement.	Réponse à haute voix.
$380 \times 50 =$	$38 \times 5 = 190$	19000 (N° 41)
$490 \times 50 =$	$49 \times 5 = 245$	24500 »
$740 \times 50 =$	$74 \times 5 = 370$	37000 »
$570 \times 50 =$	$57 \times 5 = 285$	28500 »
$190 \times 50 =$	$19 \times 5 = 95$	9500 »
$170 \times 50 =$	$17 \times 5 = 85$	8500 »
$370 \times 50 =$	$37 \times 5 = 185$	18500 »
$480 \times 50 =$	$48 \times 5 = 240$	24000 »
$260 \times 50 =$	$26 \times 5 = 130$	13000 »
$590 \times 50 =$	$59 \times 5 = 295$	29500 »
$6400 \times 50 =$	$64 \times 5 = 320$	320000 »
$730 \times 500 =$	$73 \times 5 = 365$	365000 »
$8800 \times 500 =$	$88 \times 5 = 440$	4400000 »

Quel est le produit de	Mentalement.	Réponse à haute voix.
770×500 =	77×5 = 385	385000 (N° 41)
6200× 5 =	62×5 = 310	31000 »
550×500 =	55×5 = 275	275000 »
460× 50 =	46×5 = 230	23000 »
2420× 50 =	242×5 = 1210	121000 »
4670×500 =	467×5 = 2335	2335000 »
3540×500 =	354×5 = 1770	1770000 »
176×500 =	176×5 = 880	88000 »
1550× 50 =	155×5 = 775	77500 »
750×500 =	75×5 = 375	375000 »
914× 50 =	914×5 = 4570	45700 »
616×500 =	616×5 = 3080	308000 »
2480× 50 =	248×5 = 1240	124000 »
7530× 50 =	753×5 = 3765	376500 »
1260×500 =	126×5 = 630	630000 »
2750× 50 =	275×5 = 1375	137500 »
1760×500 =	176×5 = 880	880000 »
2330× 50 =	233×5 = 1165	116500 »

Quel est le produit de	Mentalement.	Réponse à haute voix.
2880 × 50 =	288×5 = 1440	144000 (N° 41)
4160 × 500 =	416×5 = 2080	2080000 »
1590 × 500 =	159×5 = 795	795000 »
33700 × 50 =	337×5 = 1685	1685000 »

CINQUIÈME LEÇON.

Onzième Récréation.

POUR MULTIPLIER UN NOMBRE PAR 6. — SI LE NOMBRE
À MULTIPLIER PAR 6 EST PAIR.

(Autre méthode que celle du N° 42.)

N° 45. 1° La moitié du nombre à multiplier, augmentée du chiffre de ses dixaines, donne la partie à gauche du produit ; 2° le chiffre des unités du nombre à multiplier sera le chiffre des unités du produit.

18×6. 18 est pair, sa moitié est 9 ; j'augmente 9 du chiffre 1 des dixaines de 18, ce qui donne $9+1=10$. 10 est la partie à gauche du produit.

8, chiffre des unités du nombre à multiplier, sera le chiffre des unités du produit. Ainsi, 10 est la partie à gauche, et 8 la partie à droite.

108 est donc le produit de 18×6.

---

24 × 6. D'après l'exemple qui précède, nous aurons 12+2=14 pour la partie à gauche du produit, et 4 sera le chiffre des unités.

144 est donc le produit de 24 × 6.

---

2 × 6. Le nombre à multiplier n'a pas de dixaines; la moitié de 2, ou 1, sera donc la partie à gauche du produit, et 2 sera le chiffre des unités de ce même produit.

12 est donc le produit demandé.

---

8 × 6. Pas de dixaines dans le nombre à multiplier; donc la partie à gauche du produit = 4, et la partie à droite = 8.

La réponse donc sera 48.

---

58 × 6. 29+5=34 = la partie à gauche, et 8 sera le chiffre des unités.

Ainsi 348 est le produit de 58 × 6.

---

92 × 6. 46+9=55 = la partie à gauche, et 2 est le chiffre des unités.

Donc 552=92 × 6.

EXERCICES DIVERS.

Quel est le produit de	Ce travail se fait mentalement.	Réponse à hte voix
64 × 2 =	(60 × 2) + (4 × 2) = (120+ 8) =	128
64 × 3 =	(60 × 3) + (4 × 3) = (180+12) =	192
64 × 4 =	(60 × 4) + (4 × 4) = (240+16) =	256
73 × 2 =	(70 × 2) + (3 × 2) = (140+ 6) =	146
73 × 3 =	(70 × 3) + (3 × 3) = (210+ 9) =	219
73 × 4 =	(70 × 4) + (3 × 4) = (280+12) =	292

D. Quelle est la moitié de 82?

R. 41 (N° 40, 1°, 1°).

D. Quelle est la moitié de 46?

R. 23 (N° 40, 1°, 1°).

D. Quelle est la moitié de 69?

R. 34 $\frac{1}{2}$ (N° 40, 1°, 3°, 5°).

D. Quelle est la moitié de 81?

R. 40 $\frac{1}{2}$ (N° 40, 1°, 3°, 5°).

D. Quelle est la plus petite moitié de 67?

R. 33 (N° 37).

D. Quelle est la plus petite moitié de 47?

R. 23 (N° 37).

D. Quelle est la moitié de 53?

R. 26 $\frac{1}{2}$ (N° 40, 3°, 4°, 5°).

D. Quelle est la moitié de 77?

R. 38 $\frac{1}{2}$ (N° 40, 3°, 4°, 5°).

D. Quelle est la plus petite moitié de 59?

R. 29 (N° 37).

D. Quelle est la moitié de 496?

R. 248 (N° 40, 1°, 3°, 2°).

D. Quelle est la moitié de 574?

R. 287 (N° 40, 3°, 4°, 2°).

D. Quelle est la moitié de 379?

R. 189 $\frac{1}{2}$ (N° 40, 3°, 4°, 4°, 5°).

$26 \times 5 = 13$ suivi d'un 0, ou 130 (N° 43).

$37 \times 5 = 18$ suivi d'un 5, ou 185 (N° 44).

$38 \times 6 = 19 + 3$, ou 22 suivi d'un 8, ou 228 (N° 45).

$54 \times 6 = 27 + 5 = 32$ suivi d'un 4, $= 324$ (N° 45).

$18 \times 6 = 24 + 4 = 28$ suivi d'un 8, $= 288$ (N° 45).

Quel est le produit de	Ce travail se fait mentalement.	Réponse à haute voix.
$520 \times 50 =$	$52 \times 5 = 260$	26000 (N°ˢ 43, 41)
$52 \times 6 =$	$52 \times 6 = 312$	312 (N° 45)
$520 \times 60 =$	$52 \times 6 = 312$	31200 (N°ˢ 45, 41)
$530 \times 5 =$	$53 \times 5 = 265$	2650 (N°ˢ 44, 41)
$540 \times 5 =$	$54 \times 5 = 270$	2700 (N°ˢ 43, 41)

Quel est le produit de	Ce travail se fait mentalement.	Réponse à haute voix.
682× 50 =	682×5 = 3410	34100 (Nᵒˢ 43, 41)
680× 60 =	68×6 = 408	40800 (Nᵒˢ 45, 41)
120× 60 =	12×6 = 72	7200 (Nᵒˢ 45, 41)
123× 50 =	123×5 = 615	6150 (Nᵒˢ 44, 41)
148× 50 =	148×5 = 740	7400 (Nᵒˢ 43, 41)
720×500 =	72×5 = 360	360000 (Nᵒˢ 43, 41)
720×600 =	72×6 = 432	432000 (Nᵒˢ 45, 41)
724×500 =	724×5 = 3620	362000 (Nᵒˢ 43, 41)
723× 50 =	723×5 = 3615	36150 (Nᵒˢ 44, 41)
490× 50 =	49×5 = 245	24500 (Nᵒˢ 44, 41)
480× 60 =	48×6 = 288	28800 (Nᵒˢ 45, 41)
34×600 =	34×6 = 204	20400 (Nᵒˢ 45, 41)
38× 50 =	38×5 = 190	1900 (Nᵒˢ 43, 41)
37×500 =	37×5 = 185	18500 (Nᵒˢ 44, 41)
38×600 =	38×6 = 228	22800 (Nᵒˢ 45, 41)
360× 60 =	36×6 = 216	21600 (Nᵒˢ 45, 41)
3200× 60 =	32×6 = 192	192000 (Nᵒˢ 45, 41)

Douzième Récréation.

SI LE NOMBRE A MULTIPLIER PAR 6 EST IMPAIR.

(Autre méthode que celle du N° 42.)

N° 46.   1° Ajoutez 5 au nombre à multiplier ; le chiffre des unités du résultat sera le chiffre des unités du produit ; 2° la retenue, s'il y en a une, ajoutée à la plus petite moitié du nombre à multiplier (N° 37), donnera la partie à gauche du produit.

1×6, c'est-à-dire, soit 1 à multiplier par 6.   1° $1 + 5 = 6$; 6 est le chiffre des unités du produit ; 2° il n'y a pas de retenue ; en outre la plus petite moitié du nombre à multiplier 1 est 0 (N° 37) ; il n'y aura donc pas de partie à gauche dans le produit.

6 sera donc le produit demandé.

3×6.   1° $3 + 5 = 8$; 8 est le chiffre des unités du produit ; 2° il n'y a pas de retenue ; la plus petite moitié du nombre à multiplier 3 est 1 (N° 37) ; donc la partie à gauche du produit est 1, et on a vu que 8 est le chiffre des unités.

Donc $3 \times 6 = 18$.

17×6.   1° $17 + 5 = 22$; 2 sera le chiffre des unités du produit ; retenue, 2 ; 2° la retenue 2, ajoutée à 8 (plus petite moitié de 17) (N° 37), savoir $2 + 8 = 10$, sera la partie à gauche du produit. Ainsi 10 partie à gauche, et 2 chiffre des unités.

Donc $102 = 17 \times 6$.

35×6. 1° $35+5=40$; 0, chiffre des unités du produit ; 2° la retenue 4, ajoutée à 17 (plus petite moitié de 35) (N° 37), $= 4+17=21 =$ la partie à gauche du produit.

Donc $210=35 \times 6$.

87×6. 1° $87+5=92$; 2 est le chiffre des unités du produit ; retenue, 9 ; 2° $9+43$ (plus petite moitié de 87) (N° 37) $= 52 =$ la partie à gauche.

Donc le produit demandé est 522.

29×6. 1° $29+5=34$; 4 sera le chiffre des unités du produit ; retenue, 3 ; 2° $3+14$ (plus petite moitié de 29) (N° 37) $= 17$, partie à gauche du produit.

Donc $174 =$ la réponse.

28×6. 14 (moitié de 28) $+ 2$ (chiffre des dixaines de 28) $= 14+2=16 =$ la partie à gauche du produit (N° 45, 1°) ; 8, chiffre des unités du nombre à multiplier, sera aussi le chiffre des unités du produit.

Donc $28 \times 6=168$.

94×6. 1° $47+9=56 =$ la partie à gauche du produit (N° 45, 1°) ; 2° $4 =$ le chiffre des unités du produit (N° 45, 2°).

Donc $564=94 \times 6$.

Par ce qui précède, on comprend que $72 \times 6 =$ 1° 43, partie à gauche (N° 45, 1°) ; 2° 2 $=$ les unités du produit (N° 45, 2°).

Donc $72 \times 6=432$

47×6. 1° $47+5=52$; 2, chiffre des unités du produit (N° 46, 1°); 5 de retenue; 2° $5+23=28=$ la partie à gauche du produit (N° 46, 2°).

Donc $47 \times 6 = 282$.

119×6. 1° $119+5=124$; 4, chiffre des unités du produit (N° 46, 1°); 12 de retenue; 2° $12+59=71=$ la partie à gauche du produit.

Donc $119 \times 6 = 714$.

37×6. 1° $37+5=42$; 2, unités du produit (N° 46, 1°); retenue, 4 ; 2° $4+18=22=$ la partie à gauche (N° 46, 2°).

Donc $37 \times 6 = 222$.

55×6. 1° $55+5=60$; 0, unités du produit (N° 46, 1°); retenue, 6 ; 2° $6+27=33=$ la partie à gauche (N° 46, 2°).

Donc $55 \times 6 = 330$.

Treizième Récréation.

EXERCICES DE RÉCAPITULATION POUR MULTIPLIER UN NOMBRE PAR 5 ET PAR 6.

$38 \times 5 = 19$ suivi d'un 0 $= 190$ (N° 43).

$38 \times 6 = (19+3) = 22$ suivi d'un 8 $= 228$ (N° 45).

$96 \times 5 = 48$ suivi d'un 0 $= 480$ (N° 43).

$96 \times 6 = (48+9) = 57$ suivi d'un 6 = 576 (N° 45).

$134 \times 5 = 67$ suivi d'un 0 = 670 (N° 43).

$134 \times 6 = (67+13) = 80$ suivi d'un 4 = 804 (N° 43).

$79 \times 5 = 39$ suivi d'un 5 = 395 (N° 44).

$79 \times 6 = 1°\ 79+5=84$; 4, chiffre des unités ; retenue, 8 ; 2° $8+39=47 = $ la partie à gauche = 474 (N° 46, 1° et 2°).

Donc $79 \times 6 = 474$.

$93 \times 5 = 46$ suivi d'un 5 = 465 (N° 44).

$93 \times 6 = 1°\ 98$; 8, chiffre des unités (N° 46, 1°) ; retenue, 9 ; 2° $9+46=55 = $ la partie à gauche (N° 46, 2°).

Donc $558 = 93 \times 6$.

$157 \times 5 = 78$ suivi d'un 5 = 785 (N° 44).

$157 \times 6 = 1°\ 162$; 2, unités du produit (N° 46, 1°) ; retenue, 16 ; 2° $16+78=94 = $ la partie à gauche du produit.

Donc $942 = 157 \times 6$.

$42 \times 5 = 21$ suivi d'un 0 = 210 (N° 43).

$74 \times 6 = 44$ suivi d'un 4 = 444 (N° 45, 1° et 2°).

$96 \times 5 = 48$ suivi d'un 0 = 480 (N° 43).

$78 \times 6 = 46$ suivi d'un 8 = 468 (N° 45, 1° et 2°).

$29 \times 5 = 14$ suivi d'un 5 = 145 (N° 44).

$53 \times 6 = 8$ précédé à gauche de (5+26) ou 31 = 318 (N° 46, 1° et 2°).

$69 \times 6 = 4$ précédé à gauche de (7+34) ou 41 = 414 (N° 46, 1° et 2°).

$84 \times 5 = 42$ suivi d'un 0 = 420 (N° 43).

$99 \times 6 = 4$ précédé à gauche de (10+49) ou 59 = 594 (N° 46, 1° et 2°).

$87 \times 5 = 43$ suivi d'un 5 = 435 (N° 44).

$75 \times 6 = 0$ précédé à gauche de (8+37) ou 45 = 450 (N° 46, 1° et 2°).

$91 \times 5 = 45$ suivi d'un 5 = 455 (N° 44).

$91 \times 6 = 6$ précédé à gauche de (9+45) ou 54 = 546 (N° 46, 1° et 2°).

SIXIÈME LEÇON.

Quatorzième Récréation.

POUR MULTIPLIER UN NOMBRE PAR 7. — SI LE NOMBRE
A MULTIPLIER PAR 7 EST PAIR.

(Autre méthode que celle du N° 42.)

N° 47. 1° Doublez le nombre à multiplier ; le chiffre des unités du résultat sera le chiffre des unités du produit ; 2° la moitié du nombre à multiplier, augmentée de la retenue, s'il y en a une, donnera la partie à gauche du produit.

4×7. 1° 2 fois $4 = 8$; 8 est le chiffre des unités du produit ; 2° 2 (moitié de 4) sans augmentation, puisqu'il n'y a pas de retenue, $=$ la partie à gauche du produit.

Donc $4\times7=28$.

6×7. 1° $6\times2=12$; 2, chiffre des unités du produit ; retenue, 1 ; 2° $1+3$ (moitié de 6) $= 4 =$ la partie à gauche du produit.

Ainsi $42=6\times7$.

8×7. 1° $8\times2=16$; 6, unités du produit ; retenue, 1 ; 2° $1+4$ (moitié de 8) $= 5 =$ la partie à gauche du produit.

Donc $56=8\times7$.

38×7.   1° 38×2=76 ; 6, unités du produit ; retenue, 7 ; 2° 7+19 (moitié de 38) = 26 = la partie à gauche du produit.

Donc 266=38×7.

86×7.   1° 86×2=172 ; 2, unités du produit ; retenue, 17 ; 2° 17+43 (moitié de 86) = 60 = la partie à gauche du produit.

Donc 602=86×7.

124×7.   1° 124×2=248 ; 8, unités du produit ; retenue, 24 ; 2° 24+62 (moitié de 124) = 86 = la partie à gauche du produit.

Donc 124×7=868.

36×7.   1° 36×2=72 ; 2, unités du produit ; retenue, 7 ; 2° 7+18 (moitié de 36) = 25 = la partie à gauche du produit.

Donc 36×7=252.

18×7.   1° 18×2=36 ; 6, unités du produit ; retenue, 3 ; 2° 3+9 (moitié de 18) = 12 = la partie à gauche du produit.

Ainsi 18×7=126.

EXERCICES DIVERS.

$$38 \times 2 = 60 + 16 = 76 \quad (\text{N}° 39).$$
$$49 \times 2 = 80 + 18 = 98 \quad \text{»}$$
$$38 \times 3 = 90 + 24 = 114 \quad \text{»}$$
$$49 \times 3 = 120 + 27 = 147 \quad \text{»}$$
$$38 \times 4 = 120 + 32 = 152 \quad \text{»}$$
$$49 \times 4 = 160 + 36 = 196 \quad \text{»}$$

D. Quelle est la moitié de 64 ?
R. 32 (N° 40, 1°).

D. Quelle est la moitié de 69 ?
R. 34 $\frac{1}{2}$ (N° 40, 1°, 3° et 5°).

D. Quelle est la moitié de 59 ?
R. 29 $\frac{1}{2}$ (N° 40, 1°, 3°, 5°).

D. Quelle est la moitié de 58 ?
R. 29 (N° 40, 3° et 2°).

D. Quelle est la plus petite moitié de 79 ?
R. 39 (N° 37).

D. Quelle est la moitié de 74 ?
R. 37 (N° 40, 3° et 2°).

D. Quelle est la moitié de 87 ?
R. 43 $\frac{1}{2}$ (N° 40, 1°, 3°, 5°).

D. Quelle est la moitié de 93 ?
R. 46 $\frac{1}{2}$ (N° 40, 3°, 4°, 5°).

$26 \times 5 = 13$ suivi d'un 0 $= 130$ (N° 43).

$37 \times 5 = 18$ suivi d'un 5 $= 185$ (N° 44).

$26\times6 = (13+2) = 15$ suivi d'un 6 $= 156$ (N° 45).

$37\times6 = 2$ précédé à gauche de $(4+18)$ ou $22 = 222$ (N° 46).

$32\times6 = 19$ suivi de 2 $= 192$ (N° 45).

$43\times6 = 8$ précédé à gauche de $(4+21)$ ou $25 = 258$ (N° 46).

$26\times7 = 1°\ 26\times2=52$; 2, unités du produit ; retenue, 5 (N° 47, 1°) ; $2°\ 5+13=18 =$ la partie à gauche du produit (N° 47, 2°).

Ainsi $182=26\times7$.

$48\times7 = 6$ précédé à gauche de $(9+24) = 33 = 336$ (N° 47, 1° et 2°).

$21\times6 = 6$ précédé à gauche de 12 $= 126$ (N° 46).

$17\times6 = 2$ précédé à gauche de 10 $= 102$ (N° 46).

$24\times7 = 8$ précédé à gauche de $(4+12) = 16 = 168$ (N° 47, 1° et 2°).

$25\times6 = 0$ précédé à gauche de 15 $= 150$ (N° 46).

Quinzième Récréation.

QUAND LE NOMBRE A MULTIPLIER PAR 7 EST IMPAIR.

(Autre méthode que celle du N° 42.)

N° 48. 1° Doublez le nombre à multiplier, puis ajoutez 5 ; le chiffre des unités du résultat sera le chiffre des unités du produit ;

2° La retenue (s'il y en a une), augmentée de la plus petite moitié du nombre à multiplier, sera la partie à gauche du produit.

3×7. 1° $(3 \times 2) + 5 = 6 + 5 = 11$; 1 = les unités du produit ; retenue, 1 ; 2° $1 + [(3 - 1) : 2]$ (N° 37) $= 1 + (2 : 2) = 1 + 1 = 2 =$ la partie à gauche du produit.

21 est le produit de 3×7.

5×7. 1° $(5 \times 2) + 5 = 10 + 5 = 15$; 5 = les unités du produit : retenue, 1 ; 2° $1 + [(5 - 1) : 2]$ (N° 37) $= 1 + (4 : 2) = 1 + 2 = 3 =$ la partie à gauche du produit.

35 est donc le produit de 5×7.

1×7. 1° $(1 \times 2) + 5 = 2 + 5 = 7$; 7 = les unités du produit ; pas de retenue ; 2° la partie à gauche du produit se réduit à rien, car la plus petite moitié de 1 se réduit à rien (N° 37).

Donc $1 \times 7 = 7$.

9×7. 1° $(9 \times 2) + 5 = 18 + 5 = 23$; 3 = les unités du produit ; retenue, 2 ; 2° $2 + [(9 - 1) : 2] = 2 + (8 : 2) = 2 + 4 = 6 =$ la partie à gauche du produit.

63 est donc le produit de 9×7.

27×7. 1° $(27 \times 2) + 5 = 59$; 9 = les unités du produit ; retenue, 5 ; 2° $5 + [(27 - 1) : 2] = 5 + (26 : 2) = 5 + 13 = 18 =$ la partie à gauche du produit.

Donc $189 = 27 \times 7$.

39×7. 1° Je double 39 (N° 39), et au résultat j'ajoute 5, ce qui fait $(39 \times 2) + 5 = 78 + 5 = 83$; 3 est le chiffre des unités du produit ; retenue, 8 ; 2° $8 + [(39 - 1) : 2] = 8 + (38 : 2) = 8 + 19 = 27 =$ la partie à gauche du produit.

Donc $273 = 39 \times 7$.

43×7. 1° $86 + 5 = 91$; 1, unités du produit ; retenue, 9 ; 2° $9 + 21$ (plus petite moitié de 43) (N° 39) $= 30 =$ la partie à gauche du produit.

Ainsi $301 = 43 \times 7$.

22×7. 4 précédé à gauche de 15 $= 154$ (N° 47).

46×7. 2 précédé à gauche de 32 $= 322$ (N° 47).

14×7. 8 précédé à gauche de 9 $= 98$ (N° 47).

34×7. 8 précédé à gauche de 23 $= 238$ (N° 47).

47×7. 1° Je double 47, et au résultat j'ajoute 5, ce qui fait $94 + 5 = 99$; 9 est le chiffre des unités du produit (N° 48, 1°) ; je retiens 9 ; 2° la retenue $9 + 23$ (plus petite moitié de 47) $= 32 =$ la partie à gauche du produit (N° 48, 2°).

Donc 329 est la réponse.

Seizième Récréation.

EXERCICES DE RÉCAPITULATION SUR TOUT CE QUI PRÉCÈDE.

$28 \times 2 = (40 + 16) = 56$ (N° 39).

$33 \times 4 = (120 + 12) = 132$ (N° 39).

D. Quelle est la moitié de 264 ?

R. 132 (N° 140, 1°).

D. Quelle est la plus petite moitié de 79?

R. 39 (N° 37).

D. Quelle est la moitié de 67 ?

R. 33 $\frac{1}{2}$ (N° 40, 1°, 3° et 5°).

D. Quelle est la moitié de 91 ?

R. 45 $\frac{1}{2}$ (N° 40, 3°, 4° et 5°).

$32 \times 5 = 16$ suivi d'un 0 $= 160$ (N° 43).

$49 \times 5 = 24$ suivi d'un 5 $= 245$ (N° 44).

$98 \times 5 = 49$ suivi d'un 0 $= 490$ (N° 43).

$48 \times 6 = 28$ suivi d'un 8 $= 288$ (N° 45).

$38 \times 7 = 6$ précédé à gauche de $(7+19) = 6$ précédé de $26 = 266$ (N° 47).

$87 \times 5 = 43$ suivi d'un 5 $= 435$ (N° 44).

$37 \times 6 = 2$ précédé à gauche de $(4+18) = 2$ précédé de $22 = 222$ (N° 46).

$27 \times 7 = 9$ précédé à gauche de $(5+13) = 9$ précédé de $18 = 189$ (N° 48).

$48 \times 5 = 24$ suivi d'un $0 = 240$ (N° 43).

$48 \times 6 = 28$ suivi d'un $8 = 288$ (N° 45).

$28 \times 7 = 6$ précédé à gauche de $(5+14) = 6$ précédé de $19 = 196$ (N° 47).

$29 \times 7 = 3$ précédé à gauche de $(6+14) = 3$ précédé de $20 = 203$.

$37 \times 5 = 18$ suivi d'un $5 = 185$ (N° 44).

$27 \times 6 = 2$ précédé à gauche de $(3+13) = 2$ précédé de $16 = 162$ (N° 46).

$37 \times 7 = 9$ précédé à gauche de $(7+18) = 9$ précédé de $25 = 259$ (N° 48).

$72 \times 5 = 36$ suivi d'un $0 = 360$ (N° 43).

$72 \times 6 = 43$ suivi d'un $2 = 432$ (N° 45).

$72 \times 7 = 4$ précédé à gauche de $(14+36) = 4$ précédé de $50 = 504$ (N° 47).

$73 \times 5 = 36$ suivi d'un $5 = 365$ (N° 44).

$73 \times 6 = 8$ précédé à gauche de $(7+36) = 8$ précédé de $43 = 438$ (N° 46).

$73 \times 7 = 1$ précédé à gauche de $(15+36) = 1$ précédé de $51 = 511$ (N° 48).

$32 \times 5 = 16$ suivi d'un $0 = 160$ (N° 43).

$32 \times 6 = 19$ suivi d'un $2 = 192$ (N° 45).

$32 \times 7 = 4$ précédé à gauche de $(6+16) = 4$ précédé de $22 = 224$ (N° 47).

$41 \times 5 = 20$ suivi d'un $5 = 205$ (N° 44).

$41 \times 6 = 6$ précédé à gauche de $(4+20) = 6$ précédé de $24 = 246$ (N° 46).

$41 \times 7 = 7$ précédé à gauche de $(8+20)$ ou $28 = 287$ (N° 48).

$55 \times 6 = 0$ précédé à gauche de $(6+27)$ ou $33 = 330$ (N° 46).

$55 \times 7 = 5$ précédé à gauche de $(11+27)$ ou $38 = 385$ (N° 48).

SEPTIÈME LEÇON.

Dix-septième Récréation.

POUR MULTIPLIER UN NOMBRE PAR 8. — SI LE NOMBRE
A MULTIPLIER PAR 8 EST PAIR.

(Autre méthode que celle du N° 42.)

N° 49.   1° Triplez ou multipliez par 3 le nombre
à multiplier (N° 39) ; le chiffre des unités du résultat est
le chiffre des unités du produit ;

2° La retenue (s'il y en a une), augmentée de la moitié
du nombre à multiplier, donne la partie à gauche du
produit.

2×8.   1° Je multiplie 2 par 3 $(2 \times 3 = 6)$; 6 sera le
chiffre des unités du produit ; 2° à 6 il n'y a pas de retenue ; donc la moitié du nombre à multiplier sera la
partie à gauche du produit. Ainsi $2 : 2$ ou la moitié de
$2 = 1 =$ la partie à gauche, et 6 est le chiffre des unités.

Donc 16 est la réponse.

4×8.   1° Je multiplie 4 par 3 $(4 \times 3 = 12)$; 2 est le
chiffre des unités ; retenue, 1 ; 2° $1 + 2$ (moitié du nombre à multiplier) $= 3$; 3 sera la partie à gauche du
produit.

Donc 32 est la réponse.

6×8.   1° Je triple 6, ce qui donne 18 ; 8 sera le
chiffre des unités du produit ; retenue, 1 ; 2° $1 + 3$ (moitié du nombre à multiplier 6) $= 4 =$ la partie à gauche

du produit. Ainsi 4 partie à gauche, et 8 chiffre des unités.

Donc 48 est la réponse.

8×8. 1° $8 \times 3 = 24$; 4, chiffre des unités du produit ; retenue, 2 ; 2° $2 + 4$ (moitié de 8) $= 6 =$ la partie à gauche du produit. Ainsi 6 partie à gauche, et 4 chiffre des unités.

Donc le produit est 64.

12×8. 1° $12 \times 3 = 36$; 6, unités du produit ; retenue, 3 ; 2° $3 + 6$ (moitié de 12) $= 9$; 9 est la partie à gauche du produit.

Donc 96 est la réponse.

14×8. 1° $14 \times 3 = 42$; 2, unités du produit ; retenue, 4 ; 2° $4 + 7$ (moitié de 14) $= 11 =$ la partie à gauche du produit.

Donc 112 est la réponse.

18×8. 1° $18 \times 3 = 54$; 4, unités du produit ; retenue, 5 ; 2° $5 + 9$ (moitié de 18) $= 14 =$ la partie à gauche du produit.

Donc 144 est le produit demandé.

16×8. 1° 48 ; 8, unités du produit ; retenue, 4 ; 2° $4 + 8 = 12 =$ la partie à gauche.

Donc la réponse $= 128$.

28×8.   1° 28×3=84 ; 4, chiffre des unités du produit ; retenue, 8 ; 2° 8+14 (moitié de 28) = 22 = la partie à gauche du produit.

Donc 224 = la réponse.

56×8.   1° 56×3=168 ; 8, unités du produit ; retenue, 16 ; 2° 16+28 (moitié de 56) = 44 = la partie à gauche du produit.

Donc 448 = la réponse.

74×8.   1° 74×3=222 ; 2, unités du produit ; retenue, 22 ; 2° 22+37 (moitié de 74) = 59 = la partie à gauche du produit.

Donc 592 = la réponse.

36×8.   1° 36×3=108 ; 8, unités du produit ; retenue, 10 ; 2° 10+18 (moitié de 36) = 28 = la partie à gauche du produit.

Donc 288 est la réponse.

22×8.   1° 22×3=66 ; 6, unités du produit ; retenue, 6 ; 2° 6+11 (moitié de 22) = 17 = la partie à gauche du produit.

Ainsi 176 est la réponse.

EXERCICES DIVERS.

54×5=270 (N° 43).

55×5=275 (N° 44).

$54 \times 6 = 32$ suivi d'un 4 $= 324$ (N° 45).

$55 \times 6 = 0$ précédé à gauche de $(6+27)$ ou $33 = 330$ (N° 46).

$54 \times 7 = 8$ précédé à gauche de $(10+27)$ ou $37 = 378$ (N° 47).

$55 \times 7 = 5$ précédé à gauche de $(11+27)$ ou $38 = 385$ (N° 48).

$54 \times 8 = 2$ précédé à gauche de $(16+27)$ ou $43 = 432$ (N° 49).

$68 \times 8 = 4$ précédé à gauche de $(20+34)$ ou $54 = 544$ (N° 49).

Dix-huitième Récréation.

SI LE NOMBRE A MULTIPLIER PAR 8 EST IMPAIR.

(Autre méthode que celle du N° 42.)

N° 50.   1° Triplez le nombre à multiplier par 8, et ajoutez 5 au produit ; le chiffre des unités du résultat sera le chiffre des unités de la réponse ;

2° La retenue (s'il y en a une), augmentée de la plus petite moitié du nombre à multiplier, sera la partie à gauche du produit.

1×8.   1° Je triple 1, ce qui donne 3, et à 3 j'ajoute 5, ce qui fait 8 ; 8 sera le chiffre des unités du produit ; pas de retenue ; 2° comme il n'y a pas de retenue, et que la plus petite moitié du nombre à multiplier 1 se réduit à rien (N° 37), il n'y aura pas de partie à gauche au produit.

La réponse sera donc 8.

3×8. 1° Je triple le nombre à multiplier 3, ce qui fait 9, et à 9 j'ajoute 5, ce qui fait 14 ; 4 sera le chiffre des unités du produit ; retenue, 1 ; 2° $1+1$ (plus petite moitié de 3) (N° 37) $= 2$; 2 est la partie à gauche du produit.

Ainsi 24 est le produit de 3×8.

5×8. 1° Je triple 5, et au produit j'ajoute 5, ce qui fait $15+5=20$; 0 sera le chiffre des unités du produit ; retenue, 2 ; 2° $2+2$ (plus petite moitié de 5) $= 4$; 4 sera la partie à gauche du produit.

Ainsi 40 est le produit demandé.

7×8. 1° Je triple 7, et au produit j'ajoute 5, ce qui donne $7 \times 3 + 5 = 26$; 6 sera le chiffre des unités du produit ; retenue, 2 ; 2° $2+3$ (plus petite moitié de 7) $= 5$; 5 sera la partie à gauche du produit.

Donc 56 est la réponse.

9×8. 1° Je triple 9, et au produit j'ajoute 5, ce qui fait $9 \times 3 + 5 = 32$; 2 est le chiffre des unités du produit ; retenue, 3 ; 2° $3+4$ (plus petite moitié de 9) $= 7$; 7 est la partie à gauche du produit.

Donc $72 =$ la réponse.

11×8. 1° Je triple 11, et au produit j'ajoute 5, ce qui fait $11 \times 3 + 5 = 38$; 8, chiffre des unités du produit ; retenue, 3 ; 2° $3 + 5$ (plus petite moitié de 11) $= 8$; 8 est la partie à gauche du produit.

Ainsi 88 est la réponse.

21×8. 1° Je triple 21, et au produit j'ajoute 5, ce qui fait $21 \times 3 + 5 = 68$; 8, unités du produit ; retenue, 6 ; 2° $6 + 10$ (plus petite moitié de 21) $= 16$; 16 est la partie à gauche du produit.

Donc 168 est la réponse.

39×8. 1° Je triple 39 (N° 39), et au produit j'ajoute 5, ce qui fait $39 \times 3 + 5 = 122$; 2 est le chiffre des unités de la réponse ; retenue, 12 ; 2° $12 + 19$ (plus petite moitié de 39) $= 31$; 31 est la partie à gauche du produit.

Donc 312 est la réponse.

47×8. 1° Je triple 47 (N° 39), et au produit j'ajoute 5, ce qui fait $47 \times 3 + 5 = 146$; 6 est le chiffre des unités du produit ; retenue, 14 ; 2° $14 + 23$ (plus petite moitié de 47) $= 37 =$ la partie à gauche du produit.

Donc 376 est le produit de 47×8.

EXERCICES DIVERS.

$48 \times 8 = 4$ précédé à gauche de $(14 + 24)$ ou 38 (N° 49).

Ainsi 384 est la réponse.

$26 \times 8 = 8$ précédé à gauche de $(7+13)$ ou 20 (N° 49).

Donc $208 =$ la réponse.

$32 \times 8 = 6$ précédé à gauche de $(9+16)$ ou 25 (N° 49).

Donc $32 \times 8 = 256$.

$52 \times 8 = 6$ précédé à gauche de $(15+26)$ ou 41 (N° 47).

Donc 416 est le produit demandé.

$46 \times 8 = 8$ précédé à gauche de $(13+23)$ ou 36 (N° 49).

Donc $368 =$ la réponse.

$38 \times 7 = 6$ précédé à gauche de $(7+19)$ ou 26 (N° 45).

Donc $266 =$ la réponse.

Dix-neuvième Récréation.

$72 \times 5 = 360$ (N° 43).

$72 \times 6 = 43$ suivi de 2 ou 432 (N° 45).

$72 \times 7 = 4$ précédé à gauche de 50 ou $504 =$ la réponse (N° 47).

$72 \times 8 = 6$ précédé à gauche de 57 ou $576 =$ la réponse (N° 49).

$73 \times 5 = 365$ (N° 44).

6

$73 \times 6 = 8$ précédé à gauche de 43 ou 438 = la réponse (N° 46).

$73 \times 7 = 1$ précédé à gauche de 51 ou 511 = la réponse (N° 48).

$73 \times 8 = 4$ précédé à gauche de 58 ou 584 = la réponse (N° 50).

$37 \times 8 = 6$ précédé à gauche de 29 ou 296 = la réponse (N° 50).

$36 \times 7 = 2$ précédé à gauche de 25 ou 252 = la réponse (N° 48).

$36 \times 8 = 8$ précédé à gauche de 28 ou 288 = la réponse (N° 49).

$27 \times 7 = 9$ précédé à gauche de 18 ou 189 = la réponse (N° 48).

$27 \times 8 = 6$ précédé à gauche de 21 ou 216 = la réponse (N° 50).

$22 \times 5 = 110$ (N° 43).

$22 \times 6 = 13$ suivi d'un 2 ou 132 (N° 45).

$22 \times 7 = 4$ précédé à gauche de 15 ou 154 (N° 47).

$22 \times 8 = 6$ précédé à gauche de 17 ou 176 (N° 49).

$19 \times 5 = 95$ (N° 44).

$19 \times 6 = 4$ précédé à gauche de 11 ou 114 (N° 46).

$19 \times 7 = 3$ précédé à gauche de 13 ou 133 (N° 48).

$19 \times 8 = 2$ précédé à gauche de 15 ou 152 (N° 50).

$18 \times 5 = 90$ (N° 43).

$18 \times 6 = 10$ suivi d'un 8 ou 108 (N° 45).

$18 \times 7 = 6$ précédé à gauche de 12 ou 126 (N° 47).

$18 \times 8 = 4$ précédé à gauche de 14 ou 144 (N° 49).

$15 \times 5 = 75$ (N° 44).

$15 \times 6 = 0$ précédé à gauche de 9 ou 90 (N° 46).

$15 \times 7 = 5$ précédé à gauche de 10 ou 105 (N° 48).

$15 \times 8 = 0$ précédé à gauche de 12 ou 120 (N° 50).

$17 \times 5 = 85$ (N° 44).

$17 \times 6 = 2$ précédé à gauche de 10 ou 102 (N° 46).

$17 \times 7 = 9$ précédé à gauche de 11 ou 119 (N° 48).

$17 \times 8 = 6$ précédé à gauche de 13 ou 136 (N° 50).

$23 \times 7 = 1$ précédé à gauche de 16 ou 161 (N° 48).

$23 \times 8 = 4$ précédé à gauche de 18 ou 184 (N° 50).

Vingtième Récréation.

EXERCICES DIVERS.

$360 \times 80 =$	$(36 \times 8) = 288 \,(\text{N}° 49) =$	$28800 \,(\text{N}° 41)$
$360 \times 70 =$	$(36 \times 7) = 252 \,(\text{N}° 47) =$	25200 »
$360 \times 60 =$	$(36 \times 6) = 216 \,(\text{N}° 45) =$	21600 »
$360 \times 50 =$	$(36 \times 5) = 180 \,(\text{N}° 43) =$	18000 »
$2700 \times 8 =$	$(27 \times 8) = 216 \,(\text{N}° 50) =$	21600 »
$2700 \times 7 =$	$(27 \times 7) = 189 \,(\text{N}° 48) =$	18900 »
$2700 \times 6 =$	$(27 \times 6) = 162 \,(\text{N}° 46) =$	16200 »
$2700 \times 5 =$	$(27 \times 5) = 135 \,(\text{N}° 44) =$	13500 »
$220 \times 500 =$	$(22 \times 5) = 110 \,(\text{N}° 43) =$	110000 »
$220 \times 800 =$	$(22 \times 8) = 176 \,(\text{N}° 49) =$	176000 »
$220 \times 600 =$	$(22 \times 6) = 132 \,(\text{N}° 45) =$	132000 »
$220 \times 700 =$	$(22 \times 7) = 154 \,(\text{N}° 47) =$	154000 »
$1900 \times 800 =$	$(19 \times 8) = 152 \,(\text{N}° 50) =$	1520000 »
$1900 \times 700 =$	$(19 \times 7) = 133 \,(\text{N}° 48) =$	1330000 »
$1900 \times 600 =$	$(19 \times 6) = 114 \,(\text{N}° 46) =$	1140000 »
$1900 \times 500 =$	$(19 \times 5) = 95 \,(\text{N}° 44) =$	950000 »
$230 \times 800 =$	$(23 \times 8) = 184 \,(\text{N}° 50) =$	184000 »
$230 \times 700 =$	$(23 \times 7) = 161 \,(\text{N}° 48) =$	161000 »
$230 \times 600 =$	$(23 \times 6) = 138 \,(\text{N}° 46) =$	138000 »
$230 \times 500 =$	$(23 \times 5) = 115 \,(\text{N}° 44) =$	115000 »
$34 \times 800 =$	$(34 \times 8) = 272 \,(\text{N}° 49) =$	27200 »
$34 \times 700 =$	$(34 \times 7) = 238 \,(\text{N}° 47) =$	23800 »
$34 \times 600 =$	$(34 \times 6) = 204 \,(\text{N}° 45) =$	20400 »
$34 \times 500 =$	$(34 \times 5) = 170 \,(\text{N}° 43) =$	17000 »
$29 \times 80 =$	$(29 \times 8) = 232 \,(\text{N}° 50) =$	2320 »
$29 \times 70 =$	$(29 \times 7) = 203 \,(\text{N}° 48) =$	2030 »

N° 50 bis. Les règles données pour la multiplication d'un nombre par 7 ou par 8, peuvent très-bien aussi s'appliquer à la multiplication d'un nombre par 5, par 6, par 9, etc. Le procédé est exactement le même.

1° Pour multiplier un nombre par 5, on le multiplierait par 0, ce qui déterminerait le chiffre des unités ;

2° Pour multiplier par 6, on multiplierait par 1 ;

3° Pour multiplier par 7, on multiplie par 2 (N°ˢ 47 et 48);

4° Pour multiplier par 8, on multiplie par 3, comme on l'a vu aux N°ˢ 49 et 50 ;

5° Pour multiplier par 9, on multiplierait par 4, et ainsi de suite.

C'est-à-dire que, pour déterminer le chiffre des unités, l'on multiplie par le multiplicateur diminué de 5, en augmentant le résultat de 5, quand le nombre à multiplier est impair, comme aux N°ˢ 46, 48 et 50 ;

Et, pour la partie à gauche du produit, c'est toujours aussi la retenue ajoutée à la moitié, ou à la plus petite moitié du nombre à multiplier, selon que ce nombre est pair ou impair (N°ˢ 45 et 46, ou 47 et 48, ou 49 et 50).

Quant aux nombres impairs à multiplier par 6, par 7, par 8, peut-être trouvera-t-on en général plus facile d'en chercher le produit d'après la méthode du N° 42.

HUITIÈME LEÇON.

Vingt-unième Récréation.

POUR MULTIPLIER UN NOMBRE QUELCONQUE PAR 9.

N° 51. 1° Diminuez du chiffre ou du nombre de ses dixaines, augmenté de 1, le nombre à multiplier par 9 ; le résultat sera la partie à gauche du produit ;

2° Faites la somme des unités des chiffres de ce résultat, ou de cette partie à gauche ; le chiffre qu'il faudra ajouter à cette somme pour compléter 9, ou un multiple de 9, sera le chiffre des unités du produit.

1×9. 1° Le nombre à multiplier, savoir 1, n'a pas de dixaines ; je diminuerai donc de $(0+1)$ ou de 1 le nombre à multiplier ; mais 1 diminué de 1 se réduit à 0, à rien ; il n'y aura donc pas de partie à gauche au produit ;

2° La partie à gauche étant nulle, étant 0, pour compléter 9, il est évident qu'il faut ajouter 9 ; et, puisqu'il n'y a pas de partie à gauche au produit, 9 sera le chiffre des unités, c'est-à-dire que 9 sera la réponse.

Donc $1 \times 9 = 9$.

2×9. 1° Le nombre à multiplier, 2, n'a pas de dixaines ; je diminuerai donc de $(0+1)$ ou de 1 le nombre à multiplier, savoir 2 ; ce qui donne $2 - 1 = 1$ pour la partie à gauche du produit ;

2° A cette partie à gauche, savoir à 1, il faut, pour compléter 9, ajouter 8 ; 8 sera donc le chiffre des unités du produit.

Ainsi la partie à gauche $= 1$, et le chiffre des unités $=8$. Donc $2\times9=18$.

7×9. 1° Il n'y a pas de dixaines ; je diminuerai donc de $(0+1)$ ou de 1 le nombre à multiplier 7 ; $7-1=6$; 6 est la partie à gauche du produit ;

2° A cette partie à gauche, savoir à 6, il faut, pour compléter 9, ajouter 3 ; 3 sera donc le chiffre des unités.

Ainsi $63=7\times9$.

47×9. 1° Je dois diminuer le nombre à multiplier, 47, du chiffre ou du nombre de ses dixaines, augmenté de 1. Or, dans 47, le chiffre des dixaines est 4 ; j'augmente donc 4 de 1, ce qui fait $4+1=5$; enfin, diminuant 47 de 5, j'ai $47-5=42$ pour la partie à gauche du produit ;

2° Je fais la somme des chiffres de cette partie à gauche 42 ; $4+2=6$; à 6 il faut, pour compléter 9, ajouter 3 ; ainsi 3 est le chiffre des unités.

Or, $42 =$ la partie à gauche, et $3 =$ le chiffre des unités. Donc 423 est le produit demandé.

184×9. 1° Il y a ici 18 dixaines ; je diminuerai donc de $(18+1)$ ou de 19 le nombre à multiplier 184 ; $184-19=165 =$ la partie à gauche du produit ;

2° La somme des chiffres de cette partie à gauche $165 = 1+6+5=12$; ajoutant encore les chiffres de 12, j'ai $1+2=3$; à 3 il faut, pour compléter 9, ajouter 6 ; 6 est le chiffre des unités du produit.

Ainsi $165 =$ la partie à gauche, et $6 =$ le chiffre des unités. Donc 1656 est le produit de 184×9.

162×9.   1° 16+1=17 ; je diminuerai donc 162 de 17, ce qui fait 162—17=145 ; 145 est la partie à gauche du produit ;

2° 1+4+5=10 ; ajoutant encore les chiffres de 10, j'ai 1+0=1 ; à 1, pour compléter 9, il faut ajouter 8 ; donc 8 est le chiffre des unités.

Or, 145 = la partie à gauche, et 8 = le chiffre des unités.   Donc 1458 est le produit.

93×9.   1° 9+1=10 ; 93—10=83 = la partie à gauche du produit ;

2° 8+3=11 ; dans 11, j'ai 1+1=2 ; à 2 il faut, pour compléter 9, ajouter 7 ; donc 7 est le chiffre des unités.

Ainsi 83 = la partie à gauche, et 7 = les unités du produit.   Donc 837 = la réponse.

77×9.   1° 7+1=8 ; 77—8=69 = la partie à gauche du produit ;

2° 6+9=15 ; dans 15, j'ai 1+5=6 ; à 6 il faut, pour compléter 9, ajouter 3 ; donc 3 est le chiffre des unités.

Ainsi 69 = la partie à gauche, et 3 = les unités du produit.   Donc 693 = la réponse.

74×9.   1° 7+1=8 ; 74—8=66 = la partie à gauche ; 2° 6+6=12 ; 1+2=3 ; à 3 il faut, pour compléter 9, ajouter 6 ; 6 est le chiffre des unités, et 666 est la réponse.

67×9.   1° 67—7=60 = la partie à gauche ; 2° 6+0=6 ; à 6 il faut, pour compléter 9, ajouter 3 ; 3 = le chiffre des unités.

Donc 603 est la réponse.

N° 52.   Quand on a à multiplier par 9 un nombre terminé par 1, il suffit, sans autre calcul, de mettre un 9 après la partie à gauche.

61×9.   (61—7)=54 = la partie à gauche ; comme 61 est terminé par 1, j'écris un 9 à la suite de 54.

Ainsi 549=61×9.

81×9.   (81—9)=72 ; 72 suivi de 9 = 729 = la réponse.

31×9.   (31—4)=27.   279 est la réponse.

41×9.   (41—5)=36.   369 est la réponse.

131×9.   (131—14)=117.   1179 est la réponse.

N° 53.   Quand le nombre à multiplier par 9 est terminé par un 0, il faut le diminuer du chiffre de ses dixaines seulement ; le résultat sera la partie à gauche du produit ; puis on ajoutera un 0 à la droite, pour chiffre des unités.

80×9.   (80—8)=72.   Donc 720 = la réponse.

120×9.   (120—12)=108.   Donc 1080 = la réponse.

$10 \times 9.$ $(10-1)=9.$ Donc $90 =$ la réponse.

$40 \times 9.$ $(40-4)=36.$ Donc $360 =$ la réponse.

$270 \times 9.$ $(270-27)=243.$ Donc $2430 =$ la réponse.

$50 \times 9.$ $(50-5)=45.$ Donc $450 =$ la réponse.

=====

Vingt-deuxième Récréation.

$24 \times 5 = 120$ (N° 43).

$25 \times 5 = 125$ (N° 44).

			N°ˢ
$24 \times 6 =$	14 suivi d'un 4 $=$	144	45
$25 \times 6 =$	0 précédé à gauche de 15 $=$	150	46
$24 \times 7 =$	8 précédé à gauche de 16 $=$	168	47
$25 \times 7 =$	5 précédé à gauche de 17 $=$	175	48
$24 \times 8 =$	2 précédé à gauche de 19 $=$	192	49
$25 \times 8 =$	0 précédé à gauche de 20 $=$	200	50
$24 \times 9 =$	21 suivi d'un 6 $=$	216	51
$25 \times 9 =$	22 suivi d'un 5 $=$	225	51
$71 \times 9 =$	63 suivi d'un 9 $=$	639	52
$51 \times 9 =$	45 suivi d'un 9 $=$	459	52
$30 \times 9 =$	27 suivi d'un 0 $=$	270	53
$60 \times 9 =$	54 suivi d'un 0 $=$	540	53
$130 \times 9 =$	117 suivi d'un 0 $=$	1170	53

$$53 \times 5 = 265 \quad (N^o\ 44).$$

$$62 \times 5 = 310 \quad (N^o\ 43).$$

			N^{os}
53×6=	8 précédé à gauche de 31 =	318	46
62×6=	37 suivi d'un 2 =	372	45
53×7=	1 précédé à gauche de 37 =	371	48
62×7=	4 précédé à gauche de 43 =	434	47
53×8=	4 précédé à gauche de 42 =	424	50
62×8=	6 précédé à gauche de 49 =	496	40
53×9=	47 suivi d'un 7 =	477	51
62×9=	55 suivi d'un 8 =	558	51
101×9=	90 suivi d'un 9 =	909	52
90×9=	81 suivi d'un 0 =	810	53

$$13 \times 5 = 65 \quad (N^o\ 44).$$

$$14 \times 5 = 70 \quad (N^o\ 43).$$

$$17 \times 5 = 85 \quad (N^o\ 44).$$

			N^{os}
13×6=	8 précédé à gauche de 7 =	78	46
14×6=	8 suivi d'un 4 =	84	45
17×6=	2 précédé à gauche de 10 =	102	46
13×7=	1 précédé à gauche de 9 =	91	48

			N°ˢ
14×7=	8 précédé à gauche de 9 =	98	47
17×7=	9 précédé à gauche de 11 =	119	48
16×7=	2 précédé à gauche de 11 =	112	47
15×7=	5 précédé à gauche de 10 =	105	48
13×8=	4 précédé à gauche de 10 =	104	50
14×8=	2 précédé à gauche de 11 =	112	49
17×8=	6 précédé à gauche de 13 =	136	50
13×9=	11 suivi d'un 7 =	117	51
14×9=	12 suivi d'un 6 =	126	51
17×9=	15 suivi d'un 3 =	153	51
61×9=	54 suivi d'un 9 =	549	52
81×9=	72 suivi d'un 9 =	729	52
70×9=	63 suivi d'un 0 =	630	53
110×9=	99 suivi d'un 0 =	990	53

NEUVIÈME LEÇON.

Vingt-troisième Récréation.

POUR MULTIPLIER UN NOMBRE PAR 11.

N° 54. Ecrivez entre les 2 chiffres à multiplier la somme de ces 2 chiffres, et vous aurez la réponse.

10×11. J'additionne les chiffres (1+0) de 10, ce qui fait 1 ; je mets cet 1 entre ces 2 mêmes chiffres, et j'ai 110 pour réponse.

11×11. J'ajoute ensemble les 2 chiffres du nombre à multiplier, savoir (1+1)=2 ; j'écris cette somme 2 entre les 2 chiffres de 11, et j'ai 121 pour réponse.

———

26×11. J'additionne les 2 chiffres 2 et 6 de 26, comme suit, (2+6)=8 ; puis j'écris ce 8 entre ces mêmes chiffres 2 et 6, et j'ai 286 pour réponse.

———

24×11. Je dis (2+4)=6 ; puis j'écris ce 6 entre les chiffres 2 et 4 de 24 ; ainsi 264. 264 est le produit demandé.

———

54×11. (5+4)=9 ; j'écrirai donc 9 entre 5 et 4 de 54 ; ainsi 594. 594 est la réponse.

———

36×11. (3+6)=9 ; j'intercale 9 entre 3 et 6 de 36 ; ainsi 396. 396 est le produit voulu.

———

72×11. (7+2)=9 ; je mets 9 entre 7 et 2 de 72 ; ainsi 792. 792 = le produit.

———

43×11. (4+3)=7 ; écrivant donc 7 entre 4 et 3 de 43, j'ai 473 pour réponse.

———

Nº 55. Si la somme des dixaines et des unités excède 9, n'écrivez entre ces dixaines et unités que le chiffre des unités de cette somme ; puis on augmente du chiffre de la retenue les dixaines du nombre à multiplier.

———

57×11. (5+7)=12 ; la somme 12 excède 9 ; je n'écrirai donc, entre 5 et 7 de 57, que les unités 2 de 12 ; puis j'augmenterai de la retenue 1 dans 12, les dixaines 5 du nombre 57 ; ce qui me donnera 627 pour réponse.

69×11. (6+9)=15 ; 15 excède 9 ; j'écrirai donc 5 entre 6 et 9 ; puis j'augmenterai de la retenue 1, le chiffre ou le nombre 6 des dixaines ; j'aurai donc 759 pour réponse.

———————

38×11. (3+8)=11 ; 11 excède 9 ; le chiffre 1 des unités se mettra donc entre 3 et 8 de 38, et la retenue 1 des dixaines s'ajoutera au chiffre 3 des dixaines ; on aura donc 418 pour réponse.

———————

95×11. (9+5)=14 ; 14 excède 9 ; je mettrai donc 4 entre 9 et 5, et j'ajouterai 1 à 9, ce qui fera 1045 pour produit.

———————

125×11. Il y a ici 12 dixaines ; je dirai donc (12+5)=17 ; 17 excède 9 ; je mettrai donc 7 entre les dixaines, savoir 12, et les unités 5, et j'augmenterai de la retenue 1 les 12 dixaines dans 125. Ainsi j'aurai 1375 pour produit.

———————

576×11. Il y a ici 57 dixaines ; je dirai par conséquent (57+6)=63 ; 63 excède 9 ; je mettrai donc, entre les dixaines 57 et les unités 6, le chiffre 3 de 63 ; puis j'ajouterai la retenue 6 de 63 aux 57 dixaines du nombre à multiplier, ce qui fait 63. Donc 6336 est le produit de 576×11.

———————

59×11. (5+9)=14. Donc 649 = la réponse.

———————

25×11. (2+5)=7. Donc 275 = la réponse (N° 54).

———————

12×11. (1+2)=3. Donc 132 = la réponse (N° 54).

———————

16×11. (1+6)=7. Donc 176 = la réponse (N° 54).

51×11. (5+1)=6. Donc 561 = la réponse (N° 54).

N° 56. AUTRE MANIÈRE PLUS GÉNÉRALE POUR MULTIPLIER UN NOMBRE PAR 11.

1° Le nombre à multiplier, augmenté du nombre de ses dixaines, sera la partie à gauche du produit;

2° Le chiffre des unités du nombre à multiplier sera toujours le chiffre des unités du produit.

128×11. 1° J'augmente le nombre à multiplier, 128, du nombre de ses dixaines, 12; ce qui fait (128+12)=140; 140 sera la partie à gauche du produit;

2° 8, chiffre des unités du nombre à multiplier, sera aussi le chiffre des unités du produit.

Ainsi 140 = la partie à gauche, et 8 = les unités. Donc 1408 = la réponse, ou 128×11.

18×11. (18+1)=19; 19 = la partie à gauche, et 8 = les unités. Donc 198 = la réponse.

212×11. (212+21)=233 = la partie à gauche du produit, et 2 = les unités du produit. Donc 2332 = la réponse, ou le produit de 212×11.

17×11. (17+1)=18; 18 = la partie à gauche, et 7 = les unités du produit. Donc 187 = la réponse.

19×11. (19+1)=20 = la partie à gauche, et 9 = le chiffre des unités. Donc 209 = la réponse.

27×11.   (27+2)=29 = la partie à gauche, et 7 =
le chiffre des unités.   Donc 297 = la réponse.

35×11.   (35+3)=38 = la partie à gauche, et 5 =
le chiffre des unités.   Donc 385 = la réponse.

23×11.   (23+2)=25 = la partie à gauche, et 3 =
le chiffre des unités.   Donc 253 = la réponse.

31×11.   (31+3)=34 = la partie à gauche, et 1 =
le chiffre des unités.   Donc 341 = la réponse.

Vingt-quatrième Récréation.

EXERCICES DE RÉCAPITULATION.

70× 90=	7× 9= 63 (N° 51) =	6300 (N° 41)
180× 90=	18× 9= 162 » =	16200 »
290× 90=	29× 9= 261 » =	26100 »
170× 110=	17×11= 187 (N° 54 ou 56) =	18700 »
250× 110=	25×11= 275 (N° 54 ou 56) =	27500 »
360×1100=	36×11= 396 (N° 54 ou 56) =	396000 »
420× 900=	42× 9= 378 (N° 51) =	378000 »
870× 110=	87×11= 957 (N° 55 ou 56) =	95700 »
990× 110=	99×11=1089 (N° 55 ou 56) =	108900 »
530× 90=	53× 9= 477 (N° 51) =	47700 »
47× 900=	47× 9= 423 » =	42300 »
530× 110=	53×11= 583 (N° 54 ou 56) =	58300 »
470× 110 =	47×11= 517 (N° 55 ou 56) =	51700 »

$380 \times 90 =$	$38 \times 9 = 342$ (Nᵒ 51) =	34200 (Nᵒ 41)
$380 \times 110 =$	$38 \times 11 = 418 \left(\begin{smallmatrix} Nᵒ\ 55 \\ ou\ 56 \end{smallmatrix}\right) =$	41800 »
$760 \times 90 =$	$76 \times 9 = 684$ (Nᵒ 51) =	68400 »
$760 \times 110 =$	$76 \times 11 = 836 \left(\begin{smallmatrix} Nᵒ\ 55 \\ ou\ 56 \end{smallmatrix}\right) =$	83600 »
$610 \times 90 =$	$61 \times 9 = 549$ (Nᵒ 52) =	54900 »
$710 \times 90 =$	$71 \times 9 = 639$ » =	63900 »
$810 \times 90 =$	$81 \times 9 = 729$ » =	72900 »
$910 \times 90 =$	$91 \times 9 = 819$ » =	81900 »
$610 \times 110 =$	$61 \times 11 = 671$ ⎰Nᵒ 54⎱ =	67100 »
$710 \times 110 =$	$71 \times 11 = 781$ ⎱ou 56⎰ =	78100 »
$910 \times 110 =$	$91 \times 11 = 1001 \left(\begin{smallmatrix} Nᵒ\ 55 \\ ou\ 56 \end{smallmatrix}\right) =$	100100 »
$270 \times 90 =$	$27 \times 9 = 243$ (Nᵒ 51) =	24300 »
$330 \times 90 =$	$33 \times 9 = 297$ » =	29700 »
$390 \times 90 =$	$39 \times 9 = 351$ » =	35100 »
$26 \times 900 =$	$26 \times 9 = 234$ » =	23400 »
$270 \times 110 =$	$27 \times 11 = 297$ ⎧Nᵒ 54⎫ =	29700 »
$330 \times 110 =$	$33 \times 11 = 363$ ⎨ou 56⎬ =	36300 »
$26 \times 1100 =$	$26 \times 11 = 286$ ⎩ ⎭ =	28600 »
$390 \times 110 =$	$39 \times 11 = 429 \left(\begin{smallmatrix} Nᵒ\ 55 \\ ou\ 56 \end{smallmatrix}\right) =$	42900 »
$260 \times 110 =$	$26 \times 11 = 286$ ⎰Nᵒ 54⎱ =	28600 »
$24 \times 110 =$	$24 \times 11 = 264$ ⎱ou 56⎰ =	2640 »
$24 \times 90 =$	$24 \times 9 = 216$ (Nᵒ 51) =	2160 »
$37 \times 90 =$	$37 \times 9 = 333$ » =	3330 »

			Nᵒˢ
14×5=	7 suivi d'un 0 =	70	43
14×6=	8 suivi d'un 4 =	84	45
14×7=	8 précédé à gauche de 9 =	98	47
14×8=	2 précédé à gauche de 11 =	112	49
14×9=	12 suivi d'un 6 =	126	51
90×9=	81 suivi d'un 0 =	810	53
51×9=	45 suivi d'un 9 =	459	52

14×11 = 15 suivi d'un 4 = 154 (Nᵒ 56);
Ou 14×11 = 5 mis entre 1 et 4 = 154 (Nᵒ 54).

49×11 = 3 mis entre 4 et 9, puis le 4 augmenté de 1, = 539 (Nᵒ 55);
Ou 49×11 = 53 suivi d'un 9 = 539 (Nᵒ 56).

			Nᵒˢ
23×5=	11 suivi d'un 5 =	115	44
23×6=	8 précédé à gauche de 13 =	138	46
23×7=	1 précédé à gauche de 16 =	161	48
23×8=	4 précédé à gauche de 18 =	184	50
23×9=	20 suivi d'un 7 =	207	51

23×11 = 5 mis entre 2 et 3 = 253 (Nᵒ 54);
Ou 25 suivi de 3 = 253 (Nᵒ 56).

Vingt-cinquième Récréation.

D. Quelle est la moitié de 86 ?

R. 43 (Nᵒ 40, 1ᵒ).

D. Quelle est la moitié de 428 ?
R. 214 (N° 40, 1°).

D. Quelle est la moitié de 43 ?
R. 21 $\frac{1}{2}$ (N° 40, 1°, 3° et 5°).

D. Quelle est la moitié de 69 ?
R. 34 $\frac{1}{2}$ (N° 40, 1°, 3°, 5°).

D. Quelle est la moitié de 23 ?
R. 11 $\frac{1}{2}$ (N° 40, 1°, 3°, 5°).

D. Quelle est la moitié de 269 ?
R. 134 $\frac{1}{2}$ (N° 40, 1°, 1°, 3°, 5°).

D. Quelle est la moitié de 34 ?
R. 17 (N° 40, 3°, 2°).

D. Quelle est la moitié de 76 ?
R. 38 (N° 40, 3° et 2°).

D. Quelle est la moitié de 92 ?
R. 46 (N° 40, 3°, 2°).

D. Quelle est la moitié de 37 ?
R. 18 $\frac{1}{2}$ (N° 40, 3°, 4°, 5°).

D. Quelle est la moitié de 53 ?
R. 26 $\frac{1}{2}$ (N° 40, 3°, 4° et 5°).

D. Quelle est la moitié de 79?
R. 39 $\frac{1}{2}$ (N° 40, 3°, 4°, 5°).

D. Quelle est la moitié de 97 ?
R. 48 $\frac{1}{2}$ (N° 40, 3°, 4°, 5°).

D. Quelle est la moitié de 217 ?
R. 108 $\frac{1}{2}$ (N° 40, 1°, 3°, 4°, 5°).

D. Quelle est la moitié de 439 ?
R. 219 $\frac{1}{2}$ (N° 40, 1°, 3°, 4°, 5°).

D. Quelle est la moitié de 349 ?
R. 174 $\frac{1}{2}$ (N° 40, 3°, 2°, 3°, 5°).

D. Quelle est la moitié de 187 ?
R. 93 $\frac{1}{2}$ (N° 40, 3°, 2°, 3°, 5°).

D. Quelle est la moitié de 335 ?
R. 167 $\frac{1}{2}$ (N° 40, 3°, 4°, 4°, 5°).

D. Quelle est la moitié de 571 ?
R. 285 $\frac{1}{2}$ (N° 4°, 3°, 4°, 4°, 5°).

D. Quelle est la moitié de 375 ?
R. 187 $\frac{1}{2}$ (N° 40, 3°, 4°, 4°, 5°).

D. Quelle est la plus petite moitié de 35 ?
R. 17 (N° 37).

D. Quelle est la plus petite moitié de 77 ?
R. 38 (N° 37).

D. Quelle est la plus petite moitié de 53 ?
R. 26 (N° 37).

D. Quelle est la plus petite moitié de 91 ?
R. 45 (N° 37).

Terminer cette récréation en récapitulant la vingt-quatrième.

Vingt-sixième Récréation.

$26 \times 5 = 130 =$ la réponse (N° 43).

$27 \times 5 = 135 =$ la réponse (N° 44).

$19 \times 5 = 95 =$ la réponse (N° 44).

			N°°
$26 \times 6 =$	15 suivi d'un 6 $=$	156	45
$27 \times 6 =$	2 précédé à gauche de 16 $=$	162	46
$19 \times 6 =$	4 précédé à gauche de 11 $=$	114	46
$26 \times 7 =$	2 précédé à gauche de 18 $=$	182	47
$27 \times 7 -$	9 précédé à gauche de 18 —	189	48
$19 \times 7 =$	3 précédé à gauche de 13 $=$	133	48
$26 \times 8 =$	8 précédé à gauche de 20 $=$	208	49
$27 \times 8 =$	6 précédé à gauche de 21 $=$	216	50
$19 \times 8 =$	2 précédé à gauche de 15 $=$	152	50

				N^{os}
$26 \times 9 =$	23 suivi d'un 4 $=$	234	51
$27 \times 9 =$	24 suivi d'un 3 $=$	243	»
$19 \times 9 =$	17 suivi d'un 1 $=$	171	»
$70 \times 9 =$	63 suivi d'un 0 $=$	630	53
$90 \times 9 =$	81 suivi d'un 0 $=$	810	»
$150 \times 9 =$	135 suivi d'un 0 $=$	1350	»
$61 \times 9 =$	54 suivi d'un 9 $=$	549	52
$91 \times 9 =$	81 suivi d'un 9 $=$	819	»
$101 \times 9 =$	90 suivi d'un 9 $=$	909	»

$26 \times 11 = 8$ mis entre 2 et 6 $= 286$ (N° 54);
Ou $26 \times 11 = 28$ suivi d'un 6 $= 286$ (N° 56).

$37 \times 11 = 0$ mis entre 3 et 7, puis le 3 augmenté de 1 ; cela fera 407 (N° 55) ;
Ou $37 \times 11 = 40$ suivi d'un 7 $= 407$ (N° 56).

				N^{os}
$46 \times 5 =$	23 suivi d'un 0 $=$	230	43
$49 \times 5 =$	24 suivi d'un 5 $=$	245	44
$46 \times 6 =$	27 suivi d'un 6 $=$	276	45
$49 \times 6 =$	4 précédé à gauche de 29 $=$	294	46
$46 \times 7 =$	2 précédé à gauche de 32 $=$	322	47
$49 \times 7 =$	3 précédé à gauche de 34 $=$	343	48
$55 \times 7 =$	5 précédé à gauche de 38 $=$	385	48
$52 \times 7 =$	4 précédé à gauche de 36 $=$	364	47
$46 \times 8 =$	8 précédé à gauche de 36 $=$	368	49
$49 \times 8 =$	2 précédé à gauche de 39 $=$	392	50
$55 \times 8 =$	0 précédé à gauche de 44 $=$	440	50

			N^{os}
53×8=	4 précédé à gauche de 42 =	424	50
36×8=	8 précédé à gauche de 28 =	288	49
46×9=	41 suivi d'un 4 =	414	51
49×9=	44 suivi d'un 1 =	441	»
55×9=	49 suivi d'un 5 =	495	»
53×9=	47 suivi d'un 7 =	477	»
36×9=	32 suivi d'un 4 =	324	»
41×9=	36 suivi d'un 9 =	369	52
71×9=	63 suivi d'un 9 =	639	»
80×9=	72 suivi d'un 0 =	720	53
170×9=	153 suivi d'un 0 =	1530	»

46×11 = 0 mis entre 4 et 6, puis 4 augmenté de 1 ; on aura 506 (N° 55) ;

Ou 46×11 = 50 suivi d'un 6 = 506 (N° 56).

49×11 = 3 mis entre 4 et 9, puis 4 augmenté de 1 : on a 539 (N° 55) ;

Ou 49×11 = 53 suivi d'un 9 = 539 (N° 56).

55×11 = 0 mis entre 5 et 5, puis le premier 5 augmenté de 1 ; on a 605 (N° 55) ;

Ou 55×11 = 60 suivi d'un 5 = 605 (N° 56).

53×11 = 583 (N° 54) ;

Ou 58 suivi d'un 3 = 583 (N° 56).

36×11 = 396 (N° 54) ;

Ou 39 suivi d'un 6 = 396 (N° 56).

$28\times11 = 0$ mis entre 2 et 8, puis 2 augmenté de 1 ;
on aura 308 (N° 55) ;
Ou $28\times11 = 30$ suivi d'un 8 (N° 56).

$22\times11 = 242$ (N° 54) ;
Ou 24 suivi d'un $2 = 242$ (N° 56).

$33\times11 = 363$ (N° 54) ;
Ou 36 suivi d'un $3 = 363$ (N° 56).

$44\times11 = 484$ (N° 54) ;
Ou 48 suivi d'un $4 = 484$ (N° 56).

$26\times11 = 286$ (N° 54) ;
Ou 28 suivi d'un $6 = 286$ (N° 56).

$34\times11 = 374$ (N° 54) ;
Ou 37 suivi d'un $4 = 374$ (N° 56).

DIXIÈME LEÇON.

Vingt-septième Récréation.

POUR MULTIPLIER UN NOMBRE PAR 12.

N° 57. 1° Doublez le nombre à multiplier par
12 ; le chiffre des unités du résultat sera aussi le chiffre
des unités du produit ;

2° La retenue, ajoutée au nombre à multiplier, donnera la partie à gauche du produit.

1×12. 1° Je double le nombre à multiplier 1, ce
qui fait $1\times2 = 2$; 2 sera le chiffre des unités du
produit ;

2° Il n'y a pas de retenue ; alors le nombre à multiplier, savoir 1, sera la partie à gauche du produit.

12 est donc la réponse.

2×12. 1° Je double le nombre à multiplier 2 ; cela donne $2 \times 2 = 4$; 4 est le chiffre des unités du produit ;

2° Il n'y a pas de retenue ; alors le nombre à multiplier, savoir 2, sera la partie à gauche du produit.

24 est donc la réponse.

3×12. 1° Je double le nombre à multiplier 3 ; cela fait $3 \times 2 = 6$; 6 sera le chiffre des unités du produit ;

2° Il n'y a pas de retenue ; alors le nombre à multiplier, savoir 3, sera la partie à gauche du produit ;

36 est donc la réponse.

5×12. 1° Je double le nombre à multiplier 5 ; cela fait $5 \times 2 = 10$; 0, chiffre des unités du résultat 10, sera aussi le chiffre des unités du produit ; retenue, 1 ;

2° La retenue 1, ajoutée au nombre à multiplier 5, donne $(1 + 5) = 6$ pour la partie à gauche du produit.

60 est donc la réponse.

9×12. 1° Je double 9, ce qui fait $9 \times 2 = 18$; 8 sera le chiffre des unités du produit ; retenue, 1 ;

2° La retenue 1, ajoutée au nombre à multiplier 9, donne $(1 + 9) = 10$ pour la partie à gauche du produit.

108 est donc la réponse.

19×12. 1° $19 \times 2 = 38$ (N° 39) ; 8 sera donc le chiffre des unités du produit ; retenue, 3 ;

2° La retenue 3, ajoutée au nombre à multiplier 19, donne $(3+19)=22$ pour la partie à gauche du produit.

228 est donc la réponse.

27×12. 1° $27 \times 2 = 54$ (N° 39); 4 sera donc le chiffre des unités du produit; retenue, 5;

2° La retenue $5 + 27 = 32$; c'est la partie à gauche du produit.

Donc $324 =$ la réponse.

43×12. 1° $43 \times 2 = 86$; 6, chiffre des unités du produit; retenue, 8;

2° $8 + 43 = 51 =$ la partie à gauche du produit.

Donc $516 =$ la réponse.

86×12. 1° $86 \times 2 = 172$; 2, unités du produit; retenue, 17;

2° $17 + 86 = 103 =$ la partie à gauche du produit.

Donc $1032 =$ la réponse.

13×12. 1° 6, chiffre des unités; retenue, 2;

2° $2 + 13 = 15 =$ la partie à gauche.

Donc $156 =$ la réponse.

14×12. 1° 8, unités du produit; retenue, 2;

2° $2 + 14 = 16 =$ la partie à gauche.

Donc $168 =$ la réponse.

16×12. 1° 2, unités du produit; retenue, 3;

2° 16+3=19 = la partie à gauche.

Donc 192 = la réponse.

29×12.   1° 8, unités du produit ; retenue, 5 ;

2° 29+5=34 = la partie à gauche.

Donc 348 = la réponse.

11×12.   1° 2, unités du produit ; retenue, 2 :

2° 2+11=13 = la partie à gauche.

Donc 132 = la réponse.

125×12.   1° 125×2=250 ; 0 = les unités du produit ; retenue, 25 ;

2° 25+125=150 = la partie à gauche du produit.

Donc 1500 = la réponse.

45×12.   1° 0 = les unités du produit ; retenue, 9 ;

2° 9+45=54 = la partie à gauche.

Donc 540 = la réponse.

63×12.   1° 6 = les unités du produit ; retenue, 12 ;

2° 12+63=75 = la partie à gauche du produit.

Donc 756 = la réponse.

15×12.   1° 0 = les unités du produit ; retenue, 3 ;

2° 3+15=18 = la partie à gauche.

Donc 180 = la réponse.

17×12.   1° 4, chiffre des unités ; retenue, 3 ;

2° $3 + 17 = 20 =$ la partie à gauche.

Donc $204 =$ la réponse.

38×12.   6, chiffre des unités ; retenue, 7 ;

2° $7 + 38 = 45 =$ la partie à gauche.

Donc $456 =$ la réponse.

18×12.   1° 6, chiffre des unités ; retenue, 3 ;

2° $3 + 18 = 21 =$ la partie à gauche.

Donc $216 =$ la réponse.

Vingt-huitième Récréation.

EXERCICES SUR LE NOMBRE 12.

$23 \times 12 =$	6 précédé à gauche de 27 $=$	276
$27 \times 12 =$	4 . . . . . id. . . . . 32 $=$	324
$22 \times 12 =$	4 . . . . . id. . . . . 26 $=$	264
$25 \times 12 =$	0 . . . . . id. . . . . 30 $=$	300
$21 \times 12 =$	2 . . . . . id. . . . . 25 $=$	252
$24 \times 12 =$	8 . . . . . id. . . . . 28 $=$	288
$29 \times 12 =$	8 . . . . . id. . . . . 34 $=$	348
$28 \times 12 =$	6 . . . . . id. . . . . 33 $=$	336
$31 \times 12 =$	2 . . . . . id. . . . . 37 $=$	372
$39 \times 12 =$	8 . . . . . id. . . . . 46 $=$	468
$32 \times 12 =$	4 . . . . . id. . . . . 38 $=$	384
$34 \times 12 =$	8 . . . . . id. . . . . 40 $=$	408
$37 \times 12 =$	4 . . . . . id. . . . . 44 $=$	444
$49 \times 12 =$	8 . . . . . id. . . . . 58 $=$	588
$36 \times 12 =$	2 . . . . . id. . . . . 43 $=$	432
$33 \times 12 =$	6 . . . . . id. . . . . 39 $=$	396
$35 \times 12 =$	0 . . . . . id. . . . . 42 $=$	420

$110 \times 12000 =$	$11 \times 12 = 132$ (N° 57) $=$	1320000 (N° 41)
$290 \times 120 =$	$29 \times 12 = 348$ » $=$	34800 »
$1300 \times 120 =$	$13 \times 12 = 156$ » $=$	156000 »
$270 \times 1200 =$	$27 \times 12 = 324$ » $=$	324000 »
$1600 \times 120 =$	$16 \times 12 = 192$ » $=$	192000 »
$860 \times 120 =$	$86 \times 12 = 1032$ » $=$	103200 »
$1400 \times 120 =$	$14 \times 12 = 168$ » $=$	168000 »
$230 \times 1200 =$	$23 \times 12 = 276$ » $=$	276000 »
$1900 \times 120 =$	$19 \times 12 = 228$ » $=$	228000 »
$250 \times 1200 =$	$25 \times 12 = 300$ » $=$	300000 »
$320 \times 120 =$	$32 \times 12 = 384$ » $=$	38400 »
$440 \times 120 =$	$44 \times 12 = 528$ » $=$	52800 »
$370 \times 120 =$	$37 \times 12 = 444$ » $=$	44400 »
$3100 \times 120 =$	$31 \times 12 = 372$ » $=$	372000 »
$170 \times 1200 =$	$17 \times 12 = 204$ » $=$	204000 »
$410 \times 120 =$	$41 \times 12 = 492$ » $=$	49200 »
$180 \times 120 =$	$18 \times 12 = 216$ » $=$	21600 »
$220 \times 120 =$	$22 \times 12 = 264$ » $=$	26400 »

ONZIÈME LEÇON.

Vingt-neuvième Récréation.

POUR MULTIPLIER UN NOMBRE PAR 25.

N° 58.   1° Autant de fois que 4 est contenu dans le nombre à multiplier par 25, autant de fois 100 il y aura dans le produit ;

2° Si le nombre à multiplier par 25 ne contient pas 4 un nombre exact de fois, il peut rester 1, ou 2, ou 3.

S'il reste 1,   aux centaines du produit ajoutez 25 unités.

S'il reste 2,   aux centaines du produit ajoutez 2 fois 25 unités, c'est-à-dire 50.

Enfin, s'il reste 3,   aux centaines du produit ajoutez 3 fois 25 unités, c'est-à-dire 75.

4×25.   4 est contenu 1 fois dans le nombre à multiplier 4 ; il y aura donc (1 fois 100) dans le produit.

Donc $4 \times 25 = 100$.

8×25.   4 est contenu 2 fois dans 8, sans reste ; il y aura donc (2 fois 100) ou 200 dans le produit.

Donc $8 \times 25 = 200$.

12×25.   4 est contenu 3 fois dans le nombre à multiplier 12, sans reste ; il y aura donc (3 fois 100) $=$ 300 dans le produit.

Donc $12 \times 25 = 300$.

16×25.   4 est contenu 4 fois dans le nombre à multiplier 16, sans reste ; il y aura donc (4 fois 100) $=$ 400 dans le produit.

Donc $16 \times 25 = 400$.

28×25.   4 est contenu 7 fois dans le nombre à multiplier 28, sans reste ; il y aura donc (7 fois 100) $=$ 700 dans le produit.

Donc $28 \times 25 = 700$.

32×25.   4 est contenu 8 fois dans le nombre à multiplier 32, sans reste ; il y aura donc (8 fois 100) $=$ 800 dans le produit.

Donc $32 \times 25 = 800$.

36×25.   4 est contenu 9 fois dans 36, sans reste ; il y aura donc (9 fois 100) $=$ 900 dans le produit.

Donc $36 \times 25 = 900$.

48×25.   4 est contenu 12 fois dans 48, sans reste ; le produit sera donc (12 fois 100) ou 1200.

5×25.   (Voyez la règle 2º.)   5 contient 4 une fois, et il y a 1 de passant ou 1 de reste ; le produit devra donc contenir (1 fois 100) plus (1 fois 25), c'est-à-dire $(100+25)=125$.

Donc $5 \times 25 = 125$.

6×25.   6 contient (1 fois 4), et il y a 2 de reste ; le produit devra donc contenir (1 fois 100) plus (2 fois 25) ou 50, c'est-à-dire (100+50)=150.

Donc $6 \times 25 = 150$.

7×25. Dans 7, il y a (1 fois 4) et 3 de reste ; il y aura donc dans le produit (1 fois 100) plus (3 fois 25) ou 75, c'est-à-dire (100+75)=175.

Donc $7 \times 25 = 175$.

9×25. Dans 9, il y a (2 fois 4) et 1 de reste ; le produit contiendra donc (2 fois 100) plus (1 fois 25), c'est-à-dire (200+25)=225.

Donc $9 \times 25 = 225$.

35×25. Dans 35, il y a (8 fois 4) et 3 de reste ; donc il y aura au produit (8 fois 100) ou 800 plus (3 fois 25) ou 75, c'est-à-dire (800+75)=875.

Donc $35 \times 25 = 875$.

77×25. Dans 77, il y a (19 fois 4) et 1 de reste ; donc il y aura au produit (19 fois 100) ou 1900 plus (1 fois 25), c'est-à-dire (1900+25)=1925.

Donc $77 \times 25 = 1925$.

72×25. Dans 72, il y a (18 fois 4), sans aucun reste ; donc il y aura au produit (18 fois 100) ou 1800.

Donc $72 \times 25 = 1800$.

42×25. Dans 42, il y a (10 fois 4) et 2 de reste ;

il y aura donc au produit (10 fois 100) plus 50 ou
(1000+50)=1050.

Donc 42×25=1050.

79×25. Dans 79, il y a (19 fois 4) et il reste 3 ; il
y aura donc au produit (19 fois 100) plus (3 fois 25),
c'est-à-dire (1900+75)=1975.

Donc 79×25=1975.

37×25. Dans 37, il y a (9 fois 4) et 1 de reste ; il
y aura donc au produit (9 fois 100) ou 900 plus (1 fois
25), c'est-à-dire (900+25)=925.

Donc 37×25=925.

46×25. Dans 46, il y a (11 fois 4) et 2 de reste ; il
y aura donc au produit (11 fois 100) ou 1100 plus (2 fois
25) ou 50, c'est-à-dire (1100+50)=1150.

Donc 46×25=1150.

55×25. Dans 55, il y a (13 fois 4) et 3 de reste ; il
y aura donc au produit (13 fois 100) ou 1300 plus (3 fois
25) ou 75, c'est-à-dire (1300+75)=1375.

Donc 55×25=1375.

29×25. Il y a dans 29 (7 fois 4) et 1 de reste ; il y
aura donc au produit (7 fois 100) ou 700 plus (1 fois 25),
c'est-à-dire (700+25)=725.

Donc 29×25=725.

8

19×25. $19 = (4$ fois $4)$ plus 3 ; donc le produit sera $(4$ fois $100)$ plus $75 = (400+75) = 475$.

Donc $19 \times 25 = 475$.

$$23 \times 25 = (500 + 75) = 575.$$

$$18 \times 25 = (400 + 50) = 450.$$

$$39 \times 25 = (900 + 75) = 975.$$

Trentième Récréation.

EXERCICES RÉCAPITULATIFS.

$29 \times 2 =$	$(40 + 18) =$	58	(N° 39)
$32 \times 2 =$	$(60 + 4) =$	64	»
$33 \times 2 =$	$(60 + 6) =$	66	»
$34 \times 2 =$	$(60 + 8) =$	68	»
$26 \times 2 =$	$(40 + 12) =$	52	»
$27 \times 2 =$	$(40 + 14) =$	54	»
$47 \times 2 =$	$(80 + 14) =$	94	»
$39 \times 2 =$	$(60 + 18) =$	78	»
$41 \times 2 =$	$(80 + 2) =$	82	»
$29 \times 3 =$	$(60 + 27) =$	87	»
$32 \times 3 =$	$(90 + 6) =$	96	»
$34 \times 3 =$	$(90 + 12) =$	102	»
$33 \times 3 =$	$(90 + 9) =$	99	»
$26 \times 3 =$	$(60 + 18) =$	78	»
$27 \times 3 =$	$(60 + 21) =$	81	»
$47 \times 3 =$	$(120 + 21) =$	141	»
$39 \times 3 =$	$(90 + 27) =$	117	»
$41 \times 3 =$	$(120 + 3) =$	123	»

29 × 4 =	(80 + 36) =	116	(N° 39)
32 × 4 =	(120 + 8) =	128	»
33 × 4 =	(120 + 12) =	132	»
34 × 4 =	(120 + 16) =	136	»
26 × 4 =	(80 + 24) =	104	»
27 × 4 =	(80 + 28) =	108	»
47 × 4 =	(160 + 28) =	188	»
39 × 4 =	(120 + 36) =	156	»
41 × 4 =	(160 + 4) =	164	»

D. Quelle est la moitié de 29 ?

R. $14 \frac{1}{2}$ (N° 40, 1°, 3°, 5°).

D. Quelle est la moitié de 32 ?

R. 16 (N° 40, 3° et 2°).

D. Quelle est la moitié de 33 ?

R. $16 \frac{1}{2}$ (N° 40, 3°, 4°, 5°).

D. Quelle est la moitié de 34 ?

R. 17 (N° 40, 3° et 2°).

D. Quelle est la moitié de 26 ?

R. 13 (N° 40, 1° et 1°).

D. Quelle est la moitié de 21 ?

R. $10 \frac{1}{2}$ (N° 40, 1°, 3°, 5°).

D. Quelle est la moitié de 27 ?

R. $13 \frac{1}{2}$ (N° 40, 1°, 3°, 5°).

D. Quelle est la moitié de 53?
R. 26 $\frac{1}{2}$ (N° 40, 3°, 4°, 5°).

D. Quelle est la moitié de 71?
R. 35 $\frac{1}{2}$ (N° 40, 3°, 4°, 5°).

D. Quelle est la moitié de 39?
R. 19 $\frac{1}{2}$ (N° 40, 3°, 4°, 5°).

D. Quelle est la moitié de 41?
R. 20 $\frac{1}{2}$ (N° 40, 1°, 3°, 5°).

D. Quelle est la plus petite moitié de 39?
R. 19 (N° 37).

D. Quelle est la plus petite moitié de 73?
R. 36 (N° 37).

D. Quelle est la plus petite moitié de 61?
R. 30 (N° 37).

D. Quelle est la plus petite moitié de 59?
R. 29 (N° 37).

D. Quelle est la plus petite moitié de 37?
R. 18 (N° 37).

D. Quelle est la plus petite moitié de 49?
R. 24 (N° 37).

D. Quelle est la plus petite moitié de 33 ?
R. 16 (N° 37).

D. Quelle est la plus petite moitié de 43 ?
R. 21 (N° 37).

D. Quelle est la plus petite moitié de 55 ?
R. 27 (N° 37).

$29 \times 5 =$	14 suivi d'un 5 $=$	145 (N° 44)
$32 \times 5 =$	16 .. id. .. 0 $=$	160 (N° 43)
$34 \times 5 =$	17 .. id. .. 0 $=$	170 »
$33 \times 5 =$	16 .. id. .. 5 $=$	165 (N° 44)
$26 \times 5 =$	13 .. id. .. 0 $=$	130 (N° 43)
$27 \times 5 =$	13 .. id. .. 5 $=$	135 (N° 44)
$47 \times 5 =$	23 .. id. .. 5 $=$	235 »
$39 \times 5 =$	19 .. id. .. 5 $=$	195 »
$41 \times 5 =$	20 .. id. .. 5 $=$	205 »
$29 \times 6 =$	4 précédé à gauche de 17 $=$	174 (N° 46)
$32 \times 6 =$	19 suivi d'un 2 $=$	192 (N° 45)
$34 \times 6 =$	20 .. id. .. 4 $=$	204 »
$33 \times 6 =$	8 précédé à gauche de 19 $=$	198 (N° 46)
$26 \times 6 =$	15 suivi d'un 6 $=$	156 (N° 45)
$27 \times 6 =$	2 précédé à gauche de 16 $=$	162 (N° 46)
$47 \times 6 =$	2 .... id. .... 28 $=$	282 »
$39 \times 6 =$	4 .... id. .... 23 $=$	234 »
$41 \times 6 =$	6 .... id. .... 24 $=$	246 »

Trente-unième Récréation.

EXERCICES RÉCAPITULATIFS (SUITE).

$29\times7=$	3 précédé à gauche de $20=$	203 (N° 48)
$32\times7=$	4 . . . . id. . . . . $22=$	224 (N° 47)
$33\times7=$	1 . . . . id. . . . . $23=$	231 (N° 48)
$34\times7=$	8 . . . . id. . . . . $23=$	238 (N° 47)
$26\times7=$	2 . . . . id. . . . . $18=$	182 »
$27\times7=$	9 . . . . id. . . . . $18=$	189 (N° 48)
$49\times7=$	3 . . . . id. . . . . $34=$	343 »
$47\times7=$	9 . . . . id. . . . . $32=$	329 »
$39\times7=$	3 . . . . id. . . . . $27=$	273 »
$41\times7=$	7 . . . . id. . . . . $28=$	287 »
$37\times7=$	9 . . . . id. . . . . $25=$	259 »
$29\times8=$	2 . . . . id. . . . . $23=$	232 (N° 50)
$32\times8=$	6 . . . . id. . . . . $25=$	256 (N° 49)
$33\times8=$	4 . . . . id. . . . . $26=$	264 (N° 50)
$34\times8=$	2 . . . . id. . . . . $27=$	272 (N° 49)
$26\times8=$	8 . . . . id. . . . . $20=$	208 »
$27\times8=$	6 . . . . id. . . . . $21=$	216 (N° 50)
$49\times8=$	2 . . . . id. . . . . $39=$	392 »
$47\times8=$	6 . . . . id. . . . . $37=$	376 »
$39\times8=$	2 . . . . id. . . . . $31=$	312 »
$41\times8=$	8 . . . . id. . . . . $32=$	328 »
$37\times8=$	6 . . . . id. . . . . $29=$	296 »
$23\times9=$	20 suivi d'un 7 $=$	207 (N° 51)
$29\times9=$	26 . . id. . . 1 $=$	261 »
$32\times9=$	28 . . id. . . 8 $=$	288 »
$33\times9=$	29 . . id. . . 7 $=$	297 »
$34\times9=$	30 . . id. . . 6 $=$	306 »
$26\times9=$	23 . . id. . . 4 $=$	234 »

$27 \times 9 =$	24 suivi d'un 3 $=$	243 (N° 51)
$49 \times 9 =$	44 .. id. .. 1 $=$	441 »
$47 \times 9 =$	42 .. id. .. 3 $=$	423 »
$39 \times 9 =$	35 .. id. .. 1 $=$	351 »
$41 \times 9 =$	36 .. id. .. 9 $=$	369 (N° 52)
$37 \times 9 =$	33 .. id. .. 3 $=$	333 (N° 51)
$40 \times 9 =$	36 .. id. .. 0 $=$	360 (N° 53)

Trente-deuxième Récréation.

SUITE DES EXERCICES RÉCAPITULATIFS.

$29 \times 11 = 31$ suivi de $9 = 319$ (N° 56);

Ou $29 \times 11 = 1$ mis entre 2 et 9, puis 2 augmenté de 1, ce qui donne 319 pour réponse (N° 55).

$32 \times 11 = 5$ mis entre 3 et $2 = 352$ (N° 54);

Ou $32 \times 11 = 35$ suivi de $2 = 352$ (N° 56).

$33 \times 11 = 6$ mis entre 3 et $3 = 363$ (N° 54);

Ou $33 \times 11 = 36$ suivi de $3 = 363$ (N° 56).

$34 \times 11 = 7$ mis entre 3 et $4 = 374$ (N° 54);

Ou $34 \times 11 = 37$ suivi de $4 = 374$ (N° 56).

$26 \times 11 = 8$ mis entre 2 et $6 - 286$ (N° 54);

Ou $26 \times 11 = 28$ suivi de $6 = 286$ (N° 56).

$27 \times 11 = 9$ mis entre 2 et $7 = 297$ (N° 54);

Ou $27 \times 11 = 29$ suivi de $7 = 297$ (N° 56).

49×11 = 3 mis entre 4 et 9, puis 4 augmenté de 1 :
cela fera 539 pour réponse (N° 55) ;

Ou 49×11 = 53 suivi de 9 = 539 (N° 56).

47×11 = 1 mis entre 4 et 7, puis 4 augmenté de 1,
on a pour réponse 517 (N° 55) ;

Ou 47×11 = 51 suivi de 7 = 517 (N° 56).

39×11 = 2 mis entre 3 et 9, puis 3 augmenté de 1,
ce qui donne pour réponse 429 (N° 55) ;

Ou 39×11 = 42 suivi de 9 = 429 (N° 56).

41×11 = 5 mis entre 4 et 1 = 451 (N° 54) ;
Ou 41×11 = 45 suivi de 1 = 451 (N° 56).

37×11 = 0 mis entre 3 et 7, puis 3 augmenté de 1 ;
cela donne pour réponse 407 (N° 55) ;

Ou 37×11 = 40 suivi de 7 = 407 (N° 56).

35×11 = 8 mis entre 3 et 5 = 385 (N° 54) ;
Ou 35×11 = 38 suivi de 5 = 385 (N° 56).

29×12 =	8 précédé à gauche de 34 =	348 (N° 57)
32×12 =	4 . . . . . id. . . . . 38 =	384 »
33×12 =	6 . . . . . id. . . . . 39 =	396 »
34×12 =	8 . . . . . id. . . . . 40 =	408 »
26×12 =	2 . . . . . id. . . . . 31 =	312 »
27×12 =	4 . . . . . id. . . . . 32 =	324 »
49×12 =	8 . . . . . id. . . . . 58 =	588 »
47×12 =	4 . . . . . id. . . . . 56 =	564 »
39×12 =	8 . . . . . id. . . . . 46 =	468 »
41×12 =	2 . . . . . id. . . . . 49 =	492 »
37×12 =	4 . . . . . id. . . . . 44 =	444 »
35×12 =	0 . . . . . id. . . . . 42 =	420 »
48×12 =	6 . . . . . id. . . . . 57 =	576 »

29×25 =	(700+25) =	725 (N° 58, 2°)
32×25 =	. . . .	800 (N° 58)
33×25 =	(800+25) =	825 (N° 58, 2°)
34×25 =	(800+50) =	850 »
26×25 =	(600+50) =	650 »
27×25 =	(600+75) =	675 »
49×25 =	(1200+25) =	1225 »
47×25 =	(1100+75) =	1175 »
39×25 =	(900+75) =	975 »
41×25 =	(1000+25) =	1025 »
37×25 =	(900+25) =	925 »
35×25 =	(800+75) =	875 »

DOUZIÈME LEÇON.

Trente-troisième Récréation.

POUR MULTIPLIER L'UN PAR L'AUTRE DEUX NOMBRES INFÉRIEURS A 20.

N° 59. 1° Multipliez entre elles les unités des deux facteurs ; les unités du résultat seront les unités du produit ;

2° Ajoutez ensemble la retenue, les unités de l'un des facteurs et l'autre facteur tout entier ; la somme sera la partie à gauche du produit.

N° 60. La règle suivante est plus expéditive ; on choisira entre les deux :

1° Multipliez le premier facteur par les unités du second facteur ; les unités du résultat seront les unités du produit ;

2° La retenue, ajoutée au premier facteur, donnera la partie à gauche du produit.

12×13. 1° D'après le N° 59, je multiplie 2 par 3, ce qui donne $(2\times3)=6$; 6 sera le chiffre des unités du produit ;

2° Dans 6, il n'y a pas de retenue ; ajoutant donc 3 (unités de l'un des facteurs) plus 12 (l'autre facteur), j'aurai $(3+12)=15$ pour la partie à gauche du produit.

Ainsi, 6 unités du produit, et 15 partie à gauche. Donc $12\times13=156$.

Reprenons cette même opération d'après le N° 60 :

12×13. 1° Je multiplie 12 par 3, ce qui donne $(12\times3)=36$; 6 sera le chiffre des unités du produit ; retenue, 3 ;

2° $(3+12)=15 =$ la partie à gauche du produit.

Donc $12\times13=156$.

14×17. (D'après le N° 59.) 1° $(4\times7)=28$; 8 sera le chiffre des unités du produit ; retenue, 2 ;

2° $(2+7+14)=23$; c'est la partie à gauche du produit.

Donc $14\times17=238$.

La même opération, répétée d'après le N° 60 :

14×17. 1° $(14\times7)=(70+28)=98$ (N° 39) ; 8 = les unités du produit ; retenue, 9 ;

2° $(9+14)=23$; c'est la partie à gauche du produit.

Donc $238 =$ la réponse.

15×13.   (D'après le N° 59.)   1° (5×3)=15 ; 5 sera le chiffre des unités ; retenue, 1 ;

2° (1+3+15)=19 = la partie à gauche du produit.

Donc 195 = la réponse.

Même opération, d'après le N° 60 :

15×13.   1° (15×3)=45 (N° 39) ; 5, unités du produit ; retenue, 4 ;

2° (4+15)=19 = la partie à gauche du produit.

Donc 195 = la réponse.

14×16.   (D'après le N° 59.)   1° (4×6)=24 ; 4 sera le chiffre des unités ; retenue, 2 ;

2° (2+6+14)=22 = la partie à gauche du produit.

Donc 224 = la réponse.

Même opération, d'après le N° 60 :

14×16.   1° (14×6)=84 (N° 39) ; 4, unités du produit ; retenue, 8 ;

2° (8+14)=22 = la partie à gauche du produit.

Donc 224 = la réponse.

11×17.   (D'après le N° 59.)   1° (1×7)=7 = les unités du produit ; pas de retenue ;

2° (7+11)=18 = la partie à gauche du produit.

Donc 187 = la réponse.

Même opération, d'après le N° 60 :

11×17. 1° (11×7)=77 ; 7 sera le chiffre des unités ; retenue, 7 ;

2° (7+11)=18 = la partie à gauche du produit.

Donc 187 = la réponse.

Trente-quatrième Récréation.

12×18. (D'après le N° 59.) 1° (2×8)=16 ; 6 sera le chiffre des unités du produit ; retenue, 1 ;

2° (1+8+12)=21 = la partie à gauche du produit.

Donc 216 = la réponse.

Même opération, d'après le N° 60 :

12×18. 1° (12×8)=96 ; 6 sera le chiffre des unités du produit ; retenue, 9.

2° (9+12)=21 = la partie à gauche du produit.

Donc 216 = la réponse.

16×19. (D'après le N° 59.) 1° (6×9)=54 ; 4 sera le chiffre des unités ; retenue, 5 ;

2° (5+9+16)=30 = la partie à gauche du produit.

Donc 304 = la réponse.

Même opération, d'après le N° 60 :

16×19. 1° (16×19)=144 (N° 39) ; 4 sera le chiffre des unités ; retenue, 14 ;

2° (14+16)=30 = la partie à gauche.

Donc 304 = la réponse.

17×13.   (N° 59.)   1° (7×3)=21 ; 1 = les unités du produit ; retenue, 2 ;

2° (2+3+17)=22 = la partie à gauche.

Donc 221 = la réponse.

Même opération, par le N° 60 :

17×13.   1° (17×3)=51 ; 1, chiffre des unités du produit ; retenue, 5 ;

2° (5+17)=22 = la partie à gauche.

Donc 221 = la réponse.

18×15.   (N° 59.)   1° (8×5)=40 ; 0, unités du produit ; retenue, 4 ;

2° (4+5+18)=27 = la partie à gauche.

Donc 270 = la réponse.

18×15.   (N° 60.)   1° (18×5)=90 ; 0, unités du produit ; retenue, 9 ;

2° (9+18)=27 = la partie à gauche.

Donc 270 = la réponse.

13×16.   (N° 59.)   1° (3×6)=18 ; 8, chiffre des unités ; retenue, 1 ;

2° (1+6+13)=20 = la partie à gauche.

Donc 208 = la réponse.

13×16.   (N° 60.)   1° (13×6)=78 ; 8, chiffre des unités ; retenue, 7 ;

2° (7+13)=20 = la partie à gauche.

Donc 208 = la réponse.

15×17. (N° 59.) 1° (5×7)=35 ; 5 = le chiffre des unités ; retenue, 3 ;

2° (3+7+15)=25 = la partie à gauche.

Donc 255 = la réponse.

15×17. (N° 60.) 1° (15×7)=105 (N° 39) ; 5, unités du produit ; retenue, 10 ;

2° (10+15)=25 = la partie à gauche.

Donc 255 = la réponse.

17×18. (N° 59.) 1° (7×8)=56 ; 6, chiffre des unités ; retenue, 5 ;

2° (5+8+17)=30 = la partie à gauche.

Donc 306 = la réponse.

17×18. (N° 60.) 1° (17×8)=136 (N° 39) ; 6, chiffre des unités ; retenue, 13 ;

2° (13+17)=30 = la partie à gauche.

Donc 306 = la réponse.

16×15 (N° 59) = 0 précédé à gauche de (3+5+16) ou 24 = 240 = la réponse.

16×15 (N° 60) = 0 précédé à gauche de (8+16) ou 24 = 240 = la réponse.

12×16 (N° 59) = 2 précédé à gauche de (1+6+12) ou 19 = 192 = la réponse.

12×16 (N° 60) = 2 précédé à gauche de (7+12) ou 19 = 192 = la réponse.

13×14 = 2 précédé à gauche de 18 = 182 (N° 59 ou 60).

16×18 = 8 précédé à gauche de 28 = 288 (N° 59 ou 60).

Trente-cinquième Récréation.

Le N° 60 fournit un moyen très-simple pour trouver le carré ou la 2ᵉ puissance (N° 38) des nombres 10, 11, 12, 13, 14, 15, 16, 17, 18, 19, 20.

10×10 ou 10^2 1° (10×0)=0 ; 0 sera le chiffre des unités du produit ; pas de retenue ;

2° 10 sera alors la partie à gauche.

Donc 100 = le carré ou la 2ᵉ puissance de 10, ou 10×10.

11×11 ou 11^2 1° (11×1)=11 ; 1 sera le chiffre des unités ; retenue, 1 ;

2° (1+11)=12 = la partie à gauche.

Donc 121 est la réponse, c'est-à-dire le carré ou la 2ᵉ puissance de 11.

12×12 ou 12²   1° (12×2)=24 ; 4 sera le chiffre des unités ; retenue, 2 ;

2° (2+12)=14 = la partie à gauche du produit ;

Donc 144 est la réponse, c'est-à-dire le carré ou la 2ᵉ puissance de 12.

13×13 ou 13² = 9 précédé à gauche de (3+13) ou 16 = 169 = le carré de 13.

14×14 ou 14² = 6 précédé à gauche de (5+14) ou 19 = 196 = le carré de 14.

15×15 ou 15² = 5 précédé à gauche de (7+15) ou 22 = 225 = le carré de 15.

16×16 ou 16² = 6 précédé à gauche de (9+16) ou 25 = 256 = le carré de 16.

17×17 ou 17² = 9 précédé à gauche de (11+17) ou 28 = 289 = le carré de 17.

18×18 ou 18² = 4 précédé à gauche de (14+18) ou 32 = 324 = le carré de 18.

19×19 ou 19² = 1 précédé à gauche de (17+19) ou 36 = 361 = le carré de 19.

AUTRES EXERCICES.

18×19 (N° 59) = 2 précédé à gauche de (7+9+18) ou 34 = 342 = la réponse.

18×19 (N° 60) = 2 précédé à gauche de (16+18) ou 34 = 342 = la réponse.

19×17 (N° 59) = 3 précédé à gauche de (6+7+19) ou 32 = 323 = la réponse.

19×17 (N° 60) = 3 précédé à gauche de (13+19) ou 32 = 323 = la réponse.

14×18 = 2 précédé à gauche de 25 = 252 (N° 59 ou 60).

15×14 = 0 précédé à gauche de 21 = 210 (N° 59 ou 60).

16×17 = 2 précédé à gauche de 27 = 272 (N° 59 ou 60).

17×14 = 8 précédé à gauche de 23 = 238 (N° 59 ou 60).

12×19 = 8 précédé à gauche de 22 = 228 (N° 59 ou 60).

Trente-sixième Récréation.

N° 59 bis. On peut généraliser la règle du N° 59 et l'appliquer à 2 nombres quelconques de 2 chiffres, comme suit :

1° Multipliez les unités du multiplicande par celles du multiplicateur ; les unités du résultat donnent les unités du produit cherché (rappelez-vous la retenue) ;

9

2º Multipliez ensuite le multiplicande par les dizaines du multiplicateur ; au résultat ajoutez la retenue ci-dessus, plus encore le produit des dizaines du multiplicande par les unités du multiplicateur ; le résultat donne la partie à gauche du produit demandé.

25×36. J'aurai, d'après la règle : 1º (6 fois 5) $=$ 30 ; 0 sera le chiffre des unités du produit cherché ; retenue, 3 ;

2º (3 fois 25) $= 75$; (75+3 retenue) $+$ (6 fois 2) ou 12 $=$ (75+3+12)$=$90 $=$ la partie à gauche du produit.

Ainsi, 90 partie à gauche, et 0 unités du produit. Donc 900$=$25$\times$36.

34×28. 1º (4$\times$8)$=$32 ; 2 $=$ les unités du produit demandé ; retenue, 3 ;

2º (34$\times$2)+3+(3$\times$8)$=$(68+3+24)$=$95 $=$ la partie à gauche.

Donc 952 $=$ le produit demandé.

52×27. 1º (2$\times$7)$=$14 ; 4, chiffre des unités ; retenue, 1 ;

2º (52$\times$2)+1+(5$\times$7)$=$(104+1+35)$=$140 $=$ la partie à gauche du produit.

Donc 1404$=$52$\times$27.

26×35. 1º (5$\times$6)$=$30 ; 0, chiffre des unités ; retenue, 3 ;

2º (26$\times$3)+3+(2$\times$5)$=$(78+3+10) $=$ 91 (partie à gauche).

Ainsi 910$=$26$\times$35.

73×48. 1° (8×3)=24 ; 4, chiffre des unités ; retenue, 2 ;

2° (73×4)+2+(8×7)=(292+2+56)= 350 (partie à gauche).

Donc 3504=73×48.

—

45×53. 1° (3×5)=15 ; 5. chiffre des unités ; retenue, 1 ;

2° (45×5)+1+(3×4)=(225+1+12)= 238 (partie à gauche).

Donc 2385=45×53.

—

29×37. 1° (7×9)=63 ; 3, chiffre des unités ; retenue, 6 ;

2° (29×3)+6+(7×2)=(87+6+14) = 107 (partie à gauche).

Donc 1073=29×37.

—

39×28. 1° (8×9)=72 ; 2, chiffre des unités ; retenue, 7 ;

2° (39×2)+7+(8×3)=(78+7+24) = 109 (partie à gauche).

Donc 1092=39×28.

Trente-septième Récréation.

N° 60 bis. Généralisons de même la règle du N° 60, pour l'appliquer également à 2 nombres quelconques de 2 chiffres, comme suit :

1° Multipliez le multiplicande par les unités du multiplicateur ; les unités du résultat donnent celles du produit cherché (rappelez-vous la retenue) ;

2° Multipliez le multiplicande par les dizaines du multiplicateur, et au produit ajoutez la retenue ci-dessus ; le résultat donne la partie à gauche du produit cherché.

25×36. 1° (6 fois 25) = 150 ; 0 sera le chiffre des unités du produit ; retenue, 15 ;

2° (3 fois 25) = 75 ; (75+15)=90 = la partie à gauche du produit cherché.

900 est donc le produit de 25×36.

34×28. 1° (34×8)=272 (N° 49) ; 2 = les unités du produit demandé ; retenue, 27 ;

2° (34×2)+27=(68+27)=95 = la partie à gauche du produit.

Donc $952 = 34 \times 28$.

52×27. 1° (52×7)=364 (N° 47) ; 4, chiffre des unités ; retenue, 36 ;

2° (52×2)+36=(104+36)=140 = la partie à gauche.

Donc $1404 = 52 \times 27$.

26×35. 1° (26×5)=130 (N° 43) ; 0, chiffre des unités ; retenue, 13 ;

2° (26×3)+13 = 91 (partie à gauche).

Donc $910 = 26 \times 35$.

73×48. 1° (73×8)=584 (N° 50); 4, chiffre des unités ; retenue, 58 ;

2° (73×4)+58=(292+58) = 350 (partie à gauche).
Donc 3504=73×48.

45×53. 1° (45×3)=135 ; 5, chiffre des unités ; retenue, 13 ;

2° (45×5)+13=(225+13) = 238 (partie à gauche).
Donc 2385=45×53.

29×37. 1° (29×7)=203 (N° 48) ; 3, chiffre des unités ; retenue, 20 ;

2° (29×3)+20=(87+20) = 107 (partie à gauche).
Donc 1073=29×37.

39×28. 1° (39×8)=312 (N° 50) ; 2, chiffre des unités ; retenue, 31 ;

2° (39×2)+31=(78+31) = 109 (partie à gauche).
Donc 1092=39×28.

TREIZIÈME LEÇON.

Trente-huitième Récréation.

POUR MULTIPLIER L'UN PAR L'AUTRE DEUX NOMBRES LES
PLUS ÉLEVÉS, DE DEUX CHIFFRES CHACUN.

N° 61. 1° Ecrivez au-dessus de chacun des 2 facteurs, le nombre qui leur manque respectivement pour compléter 100 ;

2° Diminuez l'un quelconque des 2 facteurs du nombre écrit au-dessus de l'autre facteur ; le résultat sera la partie à gauche du produit ;

3° Multipliez l'un par l'autre les 2 nombres écrits au-dessus des 2 facteurs ; le résultat sera la partie à droite du produit.

99×99. Je remarque d'abord que le produit donnera des mille ou 4 chiffres. En effet, $99 \times 100 = 9900$ (N° 41) ; par conséquent, $99 \times (100 - 1)$ ou 99×99 sera égal à $9900 - 99$, ce qui donne 4 chiffres.

Appliquant donc la règle ci-dessus, je procède comme suit :

99×99. 1° J'écris ainsi les 2 facteurs.... $99...99$ et au-dessus de chacun d'eux j'écris le chiffre qui manque pour compléter 100, savoir....... $\overset{1}{99}...\overset{1}{99}$

2° Je diminue l'un quelconque des 2 facteurs du nombre qui manque à l'autre facteur pour compléter 100. (Ici, cela est indifférent, puisque ce sont les mêmes facteurs.) Je diminue donc 99 de 1, comme suit $99 - 1 = 98$; c'est la partie à gauche du produit ;

3° Je multiplie 1 par 1, ce qui donne $1 \times 1 = 1$; mais, comme il faut 4 chiffres au produit, au lieu de 1, j'aurai 01 ; la partie à droite du produit sera donc 01.

Ainsi la partie à gauche $= 98$, et la partie à droite $= 01$. Donc le produit de $99 \times 99 = 9801$.

98×99. Il y aura encore 4 chiffres au produit. En effet, $98 \times 100 = 9800$ (N° 41), et $98 \times (100 - 1)$ ou $98 \times 99 = 9800 - 98$, ce qui fait bien 4 chiffres.

1° J'écris au-dessus des 2 facteurs ce qui leur manque respectivement pour compléter 100, comme suit............................... $\overset{2}{9}8...\overset{1}{9}9$

2° Je diminue l'un quelconque des 2 facteurs du nombre qui manque à l'autre facteur pour compléter 100. Ainsi j'aurai 98—1 ou 99—2 = 97 pour la partie à gauche du produit ;

3° Je multiplie l'un par l'autre les 2 nombres écrits au-dessus des facteurs 98 et 99, et j'ai $2 \times 1 = 2$; mais il faut au produit 4 chiffres ; au lieu donc de 2, j'aurai 02 pour la partie à droite du produit.

Ainsi la partie à gauche = 97, et la partie à droite = 02. Donc le produit de $98 \times 99 = 9702$.

97×98. Le produit aura 4 chiffres, car $97 \times 100 = 9700$, et $97 \times (100-2)$ ou $97 \times 98 = 9700 - (97 \times 2) = 9700 - 194$; je sais donc qu'il faut au produit 4 chiffres.

1° J'écris au-dessus des 2 facteurs ce qui leur manque à chacun pour compléter 100, savoir............................... $\overset{3}{9}7...\overset{2}{9}8$

2° Je diminue 97 de 2, ou 98 de 3, ce qui me donne pour la partie à gauche du produit 97—2 ou 98—3 = 95 ;

3° La partie à droite sera $3 \times 2 = 6$, ou plutôt 06, puisqu'il faut 4 chiffres au produit.

Ainsi la partie à gauche = 95, et la partie à droite = 06. Donc $9506 = 97 \times 98$.

94×96.   1° $\overset{6}{9}4...\overset{4}{9}6$;

2° 94—4 ou 96—6 = 90 ; c'est la partie à gauche du produit ;

3° Je multiplie l'un par l'autre les 2 nombres écrits au-dessus des 2 facteurs, savoir 6 et 4, ce qui donne $6 \times 4 = 24$; c'est la partie à droite du produit.

Ainsi la partie à gauche = 90, et la partie à droite = 24.   Donc 9024 = la réponse.

$93 \times 95.$ 1° $\overset{7}{93}...\overset{5}{95}$;

2° 93—5 ou 95—7 = 88 = la partie à gauche du produit ;

3° $7 \times 5 = 35$, partie à droite.

Donc le produit = 8835.

$92 \times 94.$ 1° $\overset{8}{92}...\overset{6}{94}$;

2° 92—6 ou 94—8 = 86 ; c'est la partie à gauche du produit ;

3° $8 \times 6 = 48$; c'est la partie à droite.

8648 est donc le produit.

$91 \times 93.$ 1° $\overset{9}{91}...\overset{7}{93}$;

2° 91—7 ou 93—9 = 84 ; c'est la partie à gauche du produit ;

3° $9 \times 7 = 63$; c'est la partie à droite.

Donc 8463 est la réponse.

$75 \times 97.$ 1° $\overset{25}{75}...\overset{3}{97}$;

2° 75—3 ou 97—25 = 72 ; c'est la partie à gauche du produit ;

3° $25 \times 3 = 75$ = la partie à droite.

Donc le produit = 7275.

88 × 92. 1° 88...92 ;

2° 88—8 ou 92—12 = 80 ; c'est la partie à gauche ;

3° 12×8=96 = la partie à droite.

Donc 8096 = la réponse.

97 × 79. 1° 97...79 ;

2° 97—21 ou 79—3 = 76 = la partie à gauche ;

3° 3×21=63 = la partie à droite.

7663 = donc le produit de 97×79.

87 × 97. 1° 87...97 ; 2° la partie à gauche du produit = 87—3=84 ; 3° la partie à droite du produit = 13×3=39.

Donc 87×97=8439.

84 × 96. 1° 84...96 ; 2° la partie à gauche du produit = 84—4=80 ; 3° la partie à droite du produit = 16×4=64.

Donc 84×96=8064.

72 × 97. 1° 72...97 ; 2° la partie à gauche du produit = 72—3=69 ; 3° la partie à droite du produit = 28×3=84.

Donc 72×97=6984.

69 × 97. 1° 69...97 ; 2° la partie à gauche du pro-

duit = 69—3=66 ; 3° la partie à droite du produit = 31 × 3=93.

Donc 69 × 97=6693.

---

39 × 99.   1° $\overset{61}{39}...\overset{1}{99}$; 2° la partie à gauche du produit = 39—1=38 ; 3° la partie à droite du produit = 61 × 1=61.

Donc 39 × 99=3861.

---

59 × 98.   1° $\overset{41}{59}...\overset{2}{98}$; 2° la partie à gauche du produit = 59—2=57 ; 3° la partie à droite du produit = 41 × 2=82.

Donc 59 × 98=5782.

---

78 × 96.   1° $\overset{22}{78}...\overset{4}{96}$; 2° la partie à gauche du produit = 78—4=74 ; 3° la partie à droite du produit = 22 × 4=88.

Donc 78 × 96=7488.

---

85 × 95.   1° $\overset{15}{85}...\overset{5}{95}$; 2° la partie à gauche du produit = 85—5=80 ; 3° la partie à droite du produit = 15 × 5=75.

Donc 85 × 95=8075.

---

87 × 94.   1° $\overset{13}{87}...\overset{6}{94}$; 2° la partie à gauche du produit = 87—6=81 ; 3° la partie à droite du produit = 13 × 6=78.

Donc 87 × 94=8178.

89 × 93. 1° 89...93 ; 2° la partie à gauche du produit = 89—7=82 ; 3° la partie à droite du produit = 11 × 7=77.

Donc 89 × 93=8277.

77 × 96. 1° 77...96 ; 2° la partie à gauche du produit = 77—4=73 ; 3° la partie à droite du produit = 23 × 4=92.

Donc 77 × 96=7392.

86 × 93. 1° 86...93 ; 2° la partie à gauche du produit = 86—7=79 ; 3° la partie à droite du produit = 14 × 7=98.

Donc 86 × 93=7998.

88 × 94. 1° 88...94 ; 2° la partie à gauche du produit = 88—6=82 ; 3° la partie à droite du produit = 12 × 6=72.

Donc 88 × 94=8272.

82 × 95. 1° 82...95 ; 2° la partie à gauche du produit = 82—5=77 ; 3° la partie à droite du produit = 18 × 5=90.

Donc 82 × 95=7790.

81 × 96. 1° 81...96 ; 2° la partie à gauche du produit = 81—4=77 ; 3° la partie à droite du produit = 19 × 4=76.

Donc 81 × 96=7776.

89 $\times$ 94.   1° $\overset{11}{89}...\overset{6}{94}$;   2° partie à gauche, 83 ; 3° partie à droite, 66.

Donc 89 $\times$ 94 = 8366.

---

74 $\times$ 97.   1° $\overset{26}{74}...\overset{3}{97}$;   2° partie à gauche, 71 ; 3° partie à droite, 78.

Donc 74 $\times$ 97 = 7178.

---

87 $\times$ 95.   1° $\overset{13}{87}...\overset{5}{95}$;   2° partie à gauche, 82 ; 3° partie à droite, 65.

Donc 87 $\times$ 95 = 8265.

---

74 $\times$ 98.   1° $\overset{26}{74}...\overset{2}{98}$;   2° partie à gauche, 72 ; 3° partie à droite, 52.

Donc 74 $\times$ 98 = 7252.

---

88 $\times$ 93.   1° $\overset{12}{88}...\overset{7}{93}$;   2° partie à gauche, 81 ; 3° partie à droite, 84.

Donc 88 $\times$ 93 = 8184.

---

96 $\times$ 83.   1° $\overset{4}{96}...\overset{17}{83}$;   2° partie à gauche, 79 ; 3° partie à droite, 68.

Donc 96 $\times$ 83 = 7968.

N° 62.   78 $\times$ 86.   1° $\overset{22}{78}...\overset{14}{86}$.

Nous ne continuerons pas cet exemple, parce que le produit des 2 nombres écrits au-dessus des facteurs 78 et 86 excédant 100, on serait obligé de modifier les centaines de la partie à gauche du produit.

Autant que possible, il faut donc choisir 2 facteurs tels que le produit des deux différences n'égale pas 100. Autrement, il faudrait modifier les centaines, et quelquefois même les mille de la partie à gauche du produit, ce qui serait fort incommode. Nous allons donc donner une règle qui peut s'appliquer à tous les cas.

QUATORZIÈME LEÇON.

Trente-neuvième Récréation.

POUR MULTIPLIER UN NOMBRE QUELCONQUE DE DEUX CHIFFRES PAR UN AUTRE NOMBRE AUSSI DE DEUX CHIFFRES.

N° 63. 1° Multipliez entre elles les unités des 2 facteurs donnés ; le chiffre des unités du résultat sera aussi le chiffre des unités du produit (rappelez-vous le chiffre de la retenue) ;

2° Multipliez le second facteur par les dizaines du premier facteur ; au résultat ajoutez la retenue d'abord, puis encore le produit des unités du premier facteur par les dizaines du second facteur ; le total sera la partie à gauche du produit (*).

76×45. 1° Je multiplie entre elles les unités des 2 facteurs, et j'ai 6×5=30 ; 0 = les unités du produit ; et je retiens 3 ;

2° Je multiplie le second facteur 45 par les dizaines

(*) Cette règle peut remplacer avec avantage celles des Nos 59 bis et 60 bis.

7 du premier facteur, savoir 45 par 7 $= 45\times7 = 5$ précédé à gauche de 31 $= 315$ (N° 46) ; au résultat 315 j'ajoute d'abord la retenue 3 $= (315+3)=318$, puis encore le produit des unités 6 du premier facteur par les dizaines 4 du second facteur $=318+(6\times4)=(318+24)$ $=342$; c'est la partie à gauche du produit ; or, le chiffre des unités est 0.

Donc $3420 =$ la réponse.

25×36. 1° Je multiplie entre elles les unités des 2 facteurs, $5\times6=30$; 0 $=$ les unités du produit ; je retiens 3 ;

2° Je multiplie le second facteur 36 par les dizaines 2 du premier facteur, $36\times2=72$ (N° 39) ; au résultat 72 j'ajoute d'abord la retenue 3 $= (72+3)=75$, puis à 75 j'ajoute encore le produit des unités 5 du premier facteur 25 par les dizaines 3 du second facteur 36, ce qui fait $75+(5\times3)=(75+15)=90$; c'est la partie à gauche du produit ; or, 0 $=$ les unités.

Donc $900 =$ la réponse.

37×98. 1° Je multiplie 7 par 8 $= 7\times8=56$; 6 $=$ les unités du produit ; je retiens 5 ;

2° Je multiplie 98 par 3 $= 98\times3=294$ (N° 39) ; au résultat 294 j'ajoute d'abord la retenue 5, ce qui fait $(294+5)=299$; puis encore $(7\times9)=63$, ce qui fait $(299+63)=362$; c'est la partie à gauche du produit ; or, 6 est le chiffre des unités.

Donc $3626 =$ la réponse.

43×85. 1° $(3\times5)=15$; 5 $=$ les unités du produit ; je retiens 1 ;

2° (85×4)=340 (N° 39) ; (340+1)=341 ; 341+
(3×8)=(341+24)=365 ; 365 = la partie à gauche
du produit ; or, 5 = le chiffre des unités.

Donc 3655 = la réponse.

64×39. 1° (4×9)=36 ; 6 = les unités du produit ;
je retiens 3 ;

2° (39×6)= 4 précédé à gauche de 23 = 234 (N° 46) ;
(234+3)=237 ; 237+(4×3)=(237+12)=249 = la
partie à gauche du produit ; or, 6 = le chiffre des unités.

Donc 2496 = la réponse.

23×37. 1° 1 = les unités du produit ; 2 de retenue ;

2° (37×2)=74 ; (74+2)=76 ; puis 76+(3×3)=
(76+9)=85 = la partie à gauche du produit ; or, 1
= les unités.

Donc 851 = la réponse.

45×77. 1° 5, chiffre des unités ; retenue, 3 ;

2° (77×4)=(280+28)=308 (N°39) ; (308+3)=311 ;
311+(5×7)=(311+35)=346 = la partie à gauche du
produit ; or, 5 est le chiffre des unités.

Donc 3465 = la réponse.

49×57. 1° 3, chiffre des unités ; retenue, 6 ;

2° (57×4)=(200+28)=228 (N° 39) ; (228+6)=
234 ; 234+(9×5)=(234+45)=279 = la partie à
gauche ; or, 3 est le chiffre des unités.

Donc 2793 = le produit.

48×75. 1° 0, chiffre des unités ; retenue, 4 ;

2° $(75 \times 4) = 300$; $(300 + 4) + (8 \times 7) = (300 + 4 + 56) = 360 =$ la partie à gauche ; or, 0 $=$ les unités.

Donc $3600 =$ la réponse.

87×79. 1° 3, chiffre des unités ; retenue, 6 ;

2° $(79 \times 8) = 2$ précédé à gauche de $63 = 632$ (N° 50); $(632 + 6) + (7 \times 7) = (632 + 6 + 49) = 687 =$ **la partie à** gauche ; or, 3 $=$ les unités.

Donc $6873 =$ la réponse.

39×51. 1° 9, chiffre des unités ; pas de **retenue** ;

2° $(51 \times 3) = 153$ (N° 39); $153 + (9 \times 5) = (153 + 45) = 198 =$ la partie à gauche ; or, 9 $=$ les unités.

Donc $1989 =$ la réponse.

27×36. 1° 2, chiffre des unités ; retenue, 4 ;

2° $(72 + 4 + 21) = 97 =$ la partie à gauche.

Donc $972 =$ la réponse.

35×47. 1° 5, chiffre des unités ; retenue, 3 ;

2° $(141 + 3 + 20) = 164 =$ la partie à gauche.

Donc $1645 =$ la réponse.

29×43. 1° 7, chiffre des unités ; retenue, 2 ;

2° $(86 + 2 + 36) = 124 =$ la partie à gauche.

Donc $1247 =$ la réponse.

------

51 × 59.   1° 9, chiffre des unités ; pas de retenue ;

2° (295+5)=300 = la partie à gauche.

Donc 3009 = la réponse.

---

62 × 26.   1° 2, chiffre des unités ; retenue, 1 ;

2° (156+1+4)=161 = la partie à gauche.

Donc 1612 = la réponse.

Quarantième Récréation.

RÉCAPITULATION GÉNÉRALE.

13 × 15 = 5 précédé à gauche de 19 = 195 (N° 59,
ou 60, ou 63, ou 60 bis).

---

16 × 17 = 2 précédé à gauche de 27 = 272 (N° 59,
ou 60, ou 63, ou 60 bis).

---

14 × 18 = 2 précédé à gauche de 25 = 252 (N° 59,
ou 60, ou 63, ou 60 bis).

---

15 × 19 = 5 précédé à gauche de 28 = 285 (N° 59,
ou 60, ou 63, ou 60 bis).

---

17 × 14 = 8 précédé à gauche de 23 = 238 (N° 59,
ou 60, ou 63, ou 60 bis).

---

19 × 13 = 7 précédé à gauche de 24 = 247 (N° 59,
ou 60, ou 63, ou 60 bis).

10

$12 \times 12 = 4$ précédé à gauche de $14 = 144$ (N° 57, ou 59, ou 60, ou 63, ou 60 bis).

$14 \times 14 = 6$ précédé à gauche de $19 = 196$ (N° 59, ou 60, ou 63, ou 60 bis).

$97 \times 97 = 94$ suivi de 9 (ou plutôt 94 suivi de 09 pour qu'il y ait 4 chiffres au produit) $= 9409$ (N° 61).

$97 \times 92 =$	89 suivi de 24 $=$	8924 (N° 61)
$89 \times 96 =$	85 . . id. . . 44 $=$	8544 »
$85 \times 95 =$	80 . . id. . . 75 $=$	8075 »
$93 \times 88 =$	81 . . id. . . 84 $=$	8184 »
$87 \times 96 =$	83 . . id. . . 52 $=$	8352 »

58×39. 2 précédé à gauche de $(39 \times 5) + 7 + (8 \times 3)$ $= 2$ précédé à gauche de $(195 + 7 + 24) = 2$ précédé à gauche de $226 = 2262$ (N° 63 ou 60 bis).

42×65. 0 précédé à gauche de $(65 \times 4) + 1 + (2 \times 6)$ $= 0$ précédé à gauche de $(260 + 1 + 12) = 0$ précédé à gauche de $273 = 2730$ (N° 63 ou 60 bis).

37×28. 6 précédé à gauche de $(84 + 5 + 14) = 6$ précédé à gauche de $103 = 1036$ (N° 63 ou 60 bis).

45×57. 5 précédé à gauche de $(228 + 3 + 25) = 5$ précédé à gauche de $256 = 2565$ (N° 63 ou 60 bis).

62×28. 6 précédé à gauche de $(168 + 1 + 4) = 6$ précédé à gauche de $173 = 1736$ (N° 63 ou 60 bis).

$38 \times 43 = 4$ précédé à gauche de $163 = 1634$ (N° 63 ou 60 bis).

24×33 = 2 précédé à gauche de 79 = 792 (N° 63 ou 60 bis).

27×44 = 8 précédé à gauche de 118 = 1188 (N° 63 ou 60 bis).

34×66 = 4 précédé à gauche de 224 = 2244 (N° 63 ou 60 bis).

95×92 = 87 suivi de 40 = 8740 (N° 61).

94×88 = 82 suivi de 72 = 8272 (N° 61).

17×15 = 5 précédé à gauche de 25 = 255 (N° 59, ou 60, ou 63, ou 60 bis).

16×19 = 4 précédé à gauche de 30 = 304 (N° 59, ou 60, ou 63, ou 60 bis).

18×13 = 4 précédé à gauche de 23 = 234 (N° 59, ou 60, ou 63, ou 60 bis).

27×28. 6 précédé à gauche de (56+5+14) = 6 précédé à gauche de 75 = 756 (N° 63 ou 60 bis).

32×33 = 6 précédé à gauche de 105 = 1056 (N° 63 ou 60 bis).

79×96 =	75 suivi de 84 =	7584 (N° 61)
83×95 =	78 .. id... 85 =	7885 »
72×98 =	70 .. id... 56 =	7056 »

48×63 = 4 précédé à gauche de 302 = 3024 (N° 63 ou 60 bis).

Quarante-unième Récréation.

SUITE DE LA RÉCAPITULATION GÉNÉRALE.

$$39 \times 2 = (60 + 18) = 78 \quad (\text{N° 39}).$$
$$57 \times 3 = (150 + 21) = 171 \quad \text{»}$$
$$63 \times 4 = (240 + 12) = 252 \quad \text{»}$$

D. Quelle est la moitié de 482?

R. 241 (N° 40, 1°, 1° et 1°).

D. Quelle est la moitié de 67?

R. 33 $\frac{1}{2}$ (N° 40, 1°, 3°, 5°).

D. Quelle est la moitié de 94?

R. 47 (N° 40, 3° et 2°).

D. Quelle est la moitié de 79?

R. 39 $\frac{1}{2}$ (N° 40, 3°, 4°, 5°).

D. Quelle est la moitié de 77?

R. 38 $\frac{1}{2}$ (N° 40, 3°, 4°, 5°).

D. Quelle est la moitié de 57?

R. 28 $\frac{1}{2}$ (N° 40, 3°, 4°, 5°).

D. Quelle est la moitié de 83?

R. 41 $\frac{1}{2}$ (N° 40, 1°, 3°, 5°).

D. Quelle est la plus petite moitié de 59?

R. 29 (N° 37).

D. Quelle est la plus petite moitié de 109 ?
R. 54 (N° 37).

D. Quelle est la plus petite moitié de 15 ?
R. 7 (N° 37).

D. Quelle est la plus petite moitié de 73 ?
R. 36 (N° 37).

D. Quelle est la plus petite moitié de 91 ?
R. 45 (N° 37).

D. Quelle est la plus petite moitié de 99 ?
R. 49 (N° 37).

$76 \times 5 = 38$ suivi d'un 0 $= 380$ (N° 43).

$82 \times 5 = 41$ suivi d'un 0 $= 410$ (N° 43).

$$48 \times 5 = 240 \quad \text{(N° 43).}$$
$$56 \times 5 = 280 \quad \text{»}$$
$$66 \times 5 = 330 \quad \text{»}$$
$$74 \times 5 = 370 \quad \text{»}$$
$$88 \times 5 = 440 \quad \text{»}$$

$75 \times 5 = 37$ suivi de 5 $= 375$ (N° 44).

$81 \times 5 = 40$ suivi de 5 $= 405$ (N° 44).

$$47 \times 5 = 235 \quad \text{(N° 44).}$$
$$53 \times 5 = 265 \quad \text{»}$$
$$69 \times 5 = 345 \quad \text{»}$$
$$57 \times 5 = 285 \quad \text{»}$$
$$49 \times 5 = 245 \quad \text{»}$$

76 × 6 = 45 suivi de 6 = 456 (N° 45).

82 × 6 = 49 suivi de 2 = 492 (N° 45).

48 × 6 = 28 suivi de 8 = 288 (N° 45).

22 × 6 = 13 suivi de 2 = 132 (N° 45).

$$
\begin{aligned}
64 \times 6 &= 384 \quad (N° 45). \\
78 \times 6 &= 468 \quad » \\
46 \times 6 &= 276 \quad » \\
98 \times 6 &= 588 \quad »
\end{aligned}
$$

37 × 6 = 2 précédé à gauche de 22 = 222 (N° 46).

29 × 6 = 4 précédé à gauche de 17 = 174 (N° 46).

41 × 6 = 6 précédé à gauche de 24 = 246 (N° 46).

43 × 6 = 8 précédé à gauche de 25 = 258 (N° 46).

$$
\begin{aligned}
53 \times 6 &= 318 \quad (N° 46). \\
65 \times 6 &= 390 \quad » \\
85 \times 6 &= 510 \quad » \\
99 \times 6 &= 594 \quad »
\end{aligned}
$$

76 × 7 =	2 précédé à gauche de 53 =	532 (N° 47)
82 × 7 =	4 . . . . . id. . . . . .57 =	574 »
48 × 7 =	6 . . . . . id. . . . . .33 =	336 »
22 × 7 =	4 . . . . . id. . . . . .15 =	154 »
18 × 7 =	6 . . . . . id. . . . . .12 =	126 »

$$
\begin{aligned}
64 \times 7 &= 448 \quad (N° 47). \\
78 \times 7 &= 546 \quad »
\end{aligned}
$$

$$46 \times 7 = 322 \quad (\text{N}^\circ 47).$$
$$98 \times 7 = 686 \quad \text{»}$$

65×7 =	5 précédé à gauche de 45 =	455 (N° 48)
73×7 =	1 . . . . id. . . . . 51 =	511 »
37×7 =	9 . . . . id. . . . . 25 =	259 »
23×7 =	1 . . . . id. . . . . 16 =	161 »
19×7 =	3 . . . . id. . . . . 13 =	133 »

$$67 \times 7 = 469 \quad (\text{N}^\circ 48).$$
$$79 \times 7 = 553 \quad \text{»}$$
$$95 \times 7 = 665 \quad \text{»}$$
$$39 \times 7 = 273 \quad \text{»}$$

Quarante-deuxième Récréation.

SUITE DE LA RÉCAPITULATION GÉNÉRALE.

36×8 =	8 précédé à gauche de 28 =	288 (N° 49)
52×8 =	6 . . . . id. . . . . 41 =	416 »
48×8 =	4 . . . . id. . . . . 38 =	384 »
22×8 =	6 . . . . id. . . . . 17 =	176 »
18×8 =	4 . . . . id. . . . . 14 =	144 »

$$82 \times 8 = 656 \quad (\text{N}^\circ 49).$$
$$64 \times 8 = 512 \quad \text{»}$$
$$78 \times 8 = 624 \quad \text{»}$$
$$96 \times 8 = 768 \quad \text{»}$$

35×8 =	0 précédé à gauche de 28 =	280 (N° 50)
53×8 =	4 . . . . id. . . . . 42 =	424 »
47×8 =	6 . . . . id. . . . . 37 =	376 »
25×8 =	0 . . . . id. . . . . 20 =	200 »
19×8 =	2 . . . . id. . . . . 15 =	152 »

$$97 \times 8 = 776 \quad (\text{N}^\circ 50).$$
$$57 \times 8 = 456 \quad \text{»}$$
$$39 \times 8 = 312 \quad \text{»}$$

$36 \times 9 =$	32 suivi d'un 4 $=$	324 (N° 51)
$47 \times 9 =$	42 .. id. .. 3 $=$	423 »
$69 \times 9 =$	62 .. id. .. 1 $=$	621 »
$37 \times 9 =$	33 .. id. .. 3 $=$	333 »
$115 \times 9 =$	103 .. id. .. 5 $=$	1035 »

$$48 \times 9 = 432 \quad (\text{N}^\circ 51).$$
$$22 \times 9 = 198 \quad \text{»}$$

$50 \times 9 =$	45 suivi d'un 0 $=$	450 (N° 53)
$70 \times 9 =$	63 .. id. .. 0 $=$	630 »
$130 \times 9 =$	117 .. id. .. 0 $=$	1170 »

$$90 \times 9 = 810 \quad (\text{N}^\circ 53).$$
$$150 \times 9 = 1350 \quad \text{»}$$
$$80 \times 9 = 720 \quad \text{»}$$

$41 \times 9 =$	36 suivi d'un 9 $=$	369 (N° 52)
$91 \times 9 =$	81 .. id. .. 9 $=$	819 »
$111 \times 9 =$	99 .. id. .. 9 $=$	999 »

$$51 \times 9 = 459 \quad (\text{N}^\circ 52).$$
$$71 \times 9 = 639 \quad \text{»}$$
$$48 \times 9 = 432 \quad (\text{N}^\circ 51).$$
$$18 \times 9 = 162 \quad \text{»}$$
$$35 \times 9 = 315 \quad \text{»}$$
$$53 \times 9 = 477 \quad \text{»}$$
$$25 \times 9 = 225 \quad \text{»}$$

52×11 = 7 mis entre 5 et 2 = 572 (N° 54) ;
Ou 52×11 = 57 suivi de 2 = 572 (N° 56).

63×11 = 9 mis entre 6 et 3 = 693 (N° 54) ;
Ou 63×11 = 69 suivi de 3 = 693 (N° 56).

72×11 = 9 mis entre 7 et 2 = 792 (N° 54) ;
Ou 72×11 = 79 suivi de 2 = 792 (N° 56).

$$45 \times 11 = 495 \ (\text{N° 54 ou 56}).$$
$$81 \times 11 = 891 \qquad » \qquad »$$
$$53 \times 11 = 583 \qquad » \qquad »$$
$$73 \times 11 = 803 \ (\text{N° 55 ou 56}).$$
$$87 \times 11 = 957 \qquad » \qquad »$$
$$99 \times 11 = 1089 \qquad » \qquad »$$
$$47 \times 11 = 517 \qquad » \qquad »$$
$$29 \times 11 = 319 \qquad » \qquad »$$
$$33 \times 11 = 363 \ (\text{N° 54 ou 56}).$$
$$84 \times 11 = 924 \ (\text{N° 55 ou 56}).$$
$$88 \times 11 = 968 \qquad » \qquad »$$
$$77 \times 11 = 847 \qquad » \qquad »$$
$$95 \times 11 = 1045 \qquad » \qquad »$$
$$35 \times 11 = 385 \ (\text{N° 54 ou 56}).$$
$$93 \times 11 = 1023 \ (\text{N° 55 ou 56}).$$
$$81 \times 11 = 891 \ (\text{N° 54 ou 56}).$$

Quarante-troisième Récréation.

SUITE DE LA RÉCAPITULATION.

56×12.   1° (56×2)=112 ; 2 = le chiffre des unités ; retenue, 11 ;

2° (56+11)=67 = la partie à gauche.

Donc 672 = la réponse (N° 57).

$48 \times 12 =$	6 précédé à gauche de 57 =	576 (Nᵒ 57)
$36 \times 12 =$	2 . . . . id . . . . . 43 =	432 »
$24 \times 12 =$	8 . . . . id . . . . . 28 =	288 »
$64 \times 12 =$	8 . . . . id . . . . . 76 =	768 »
$46 \times 12 =$	2 . . . . id . . . . . 55 =	552 »
$32 \times 12 =$	4 . . . . id . . . . . 38 =	384 »
$25 \times 12 =$	0 . . . . id . . . . . 30 =	300 »
$19 \times 12 =$	8 . . . . id . . . . . 22 =	228 »
$15 \times 12 =$	0 . . . . id . . . . . 18 =	180 »
$55 \times 12 =$	0 . . . . id . . . . . 66 =	660 »
$72 \times 12 =$	4 . . . . id . . . . . 86 =	864 »

$$28 \times 12 = 336 \text{ (Nᵒ 57 ou 60 bis).}$$
$$22 \times 12 = 264 \quad » \quad »$$
$$17 \times 12 = 204 \quad » \quad »$$
$$33 \times 12 = 396 \quad » \quad »$$
$$47 \times 12 = 564 \quad » \quad »$$
$$43 \times 12 = 516 \quad » \quad »$$
$$52 \times 12 = 624 \quad » \quad »$$

$$28 \times 25 = 700 \text{ (Nᵒ 58).}$$
$$16 \times 25 = 400 \quad »$$
$$36 \times 25 = 900 \quad »$$
$$52 \times 25 = 1300 \quad »$$
$$44 \times 25 = 1100 \quad »$$
$$68 \times 25 = 1700 \quad »$$
$$32 \times 25 = 800 \quad »$$

$63 \times 25 =$	(1500+75) =	1575 (Nᵒ 58, 2ᵒ)
$45 \times 25 =$	(1100+25) =	1125 »
$73 \times 25 =$	(1800+25) =	1825 »
$87 \times 25 =$	(2100+75) =	2175 »
$99 \times 25 =$	(2400+75) =	2475 »

$$47 \times 25 = 1175 \ (N^{o} 58, 2^{o}).$$
$$29 \times 25 = 725 \qquad »$$
$$34 \times 25 = 850 \qquad »$$
$$81 \times 25 = 2025 \qquad »$$
$$78 \times 25 = 1950 \qquad »$$
$$19 \times 25 = 475 \qquad »$$
$$22 \times 25 = 550 \qquad »$$

$12 \times 13 = 6$ précédé à gauche de $(3+12)=15 = 156$ (N° 59, ou 60, ou 60 bis).

$13 \times 15 = 5$ précédé à gauche de $(1+5+13) = 5$ précédé de $19 = 195$ (N° 59);

Ou $13 \times 15 = 5$ précédé à gauche de $(6+13) = 5$ précédé de $19 = 195$ (N° 60 ou 60 bis).

$14 \times 13 = 2$ précédé à gauche de $18 = 182$ (N° 60 ou 60 bis).

$12 \times 15 = 0$ précédé de $18 = 180$ (N° 59, ou 60, ou 60 bis).

$16 \times 14 = 4$ précédé de $22 = 224$ (N° 59, ou 60, ou 60 bis).

$$17 \times 18 = 306 \ (N^{o} 59, \text{ ou } 60, \text{ ou } 60 \text{ bis}).$$
$$14 \times 17 = 238 \qquad » \qquad »$$
$$19 \times 16 = 304 \qquad » \qquad »$$

Quarante-quatrième Récréation.

SUITE DE LA RÉCAPITULATION.

$10 \times 10 = 0$ précédé de $10 = 100$ (N° 41).

$11 \times 11 = 1$ précédé à gauche de $12 = 121$ (N° 54 ou 56).

12×12 ou $12^2 = 144$ (N° 60, ou 57, ou 63, ou 60 bis).
13×13 ou $13^2 = 169$ (N° 60, ou 63, ou 60 bis).
14×14 ou $14^2 = 196$ »   »
15×15 ou $15^2 = 225$ »   »
16×16 ou $16^2 = 256$ »   »
17×17 ou $17^2 = 289$ »   »
18×18 ou $18^2 = 324$ »   »
19×19 ou $19^2 = 361$ »   »

$93 \times 96 \left(\overset{7}{93} ... \overset{4}{96} \right) = 89$ suivi de $28 = 8928$ (N° 61).

$98 \times 99 =$	97 suivi de 02 $=$	9702 (N° 61)
$91 \times 94 =$	85 .. id. ... 54 $=$	8554 »
$95 \times 96 =$	91 .. id. ... 20 $=$	9120 »
$97 \times 98 =$	95 .. id. ... 06 $=$	9506 »
$92 \times 93 =$	85 .. id. ... 56 $=$	8556 »
$89 \times 91 =$	80 .. id. ... 99 $=$	8099 »
$88 \times 93 =$	81 .. id. ... 84 $=$	8184 »
$86 \times 94 =$	80 .. id. ... 84 $=$	8084 »
$78 \times 96 =$	74 .. id. ... 88 $=$	7488 »
$83 \times 95 =$	78 .. id. ... 85 $=$	7885 »
$72 \times 98 =$	70 .. id. ... 56 $=$	7056 »
$73 \times 97 =$	70 .. id. ... 81 $=$	7081 »
$85 \times 94 =$	79 .. id. ... 90 $=$	7990 »
$88 \times 92 =$	80 .. id. ... 96 $=$	8096 »

$93 \times 87 = 8091$ (N° 61).
$79 \times 96 = 7584$ »
$84 \times 94 = 7896$ »
$92 \times 95 = 8740$ »

43×56 = 8 précédé à gauche de (56×4)+1+(3×5) = 8 précédé à gauche de (224+1+15) = 8 précédé de 240 = 2408 (N° 63 ou 60 bis).

29×37 = 3 précédé à gauche de (74+6+27) = 3 précédé de 107 = 1073 (N° 63 ou 60 bis).

33×54 = 2 précédé à gauche de (162+1+15) = 2 précédé de 178 = 1782 (N° 63 ou 60 bis).

75×68 =	0 précédé à gauche de 510 =	5100 (N° 63)
52×23 =	6 . . . . id. . . . . 119 =	1196 »
28×36 =	8 . . . . id. . . . . 100 =	1008 »
97×23 =	1 . . . . id. . . . . 223 =	2231 »
35×46 =	0 . . . . id. . . . . 161 =	1610 »
38×35 =	0 . . . . id. . . . . 133 =	1330 »
41×52 =	2 . . . . id. . . . . 213 =	2132 »
73×26 =	8 . . . . id. . . . . 189 =	1898 »

39 × 47 = 1833 (N° 63 ou 60 bis).
35 × 29 = 1015 » »
32 × 55 = 1760 » »
64 × 23 = 1472 » »
28 × 34 = 952 » »
22 × 29 = 638 » »
27 × 45 = 1215 » »
23 × 36 = 828 » »

ERRATA.

—

Page 45, lignes 7, 8, 9, 10 et 11, *au lieu de :* (N° 41), *lisez :* (N° 43).
— lignes 12, 13, 14, 15 et 16, *au lieu de :* (N° 42), *lisez :* (N° 44).
Page 46, ligne 1, *au lieu de :* (N° 41), *lisez :* (N° 43).
— lignes 2 et 3, *au lieu de :* (N° 42), *lisez :* (N° 44).
Page 60, ligne 6 (N° 40, 1°, 3° et 5°), *supprimez :* 1°.
Page 64, ligne 2, *au lieu de :* (N° 140), *lisez :* (N° 40).
Page 65, ligne 8, après 203, *ajoutez :* (N° 48).
Page 73, ligne 5, *au lieu de :* (N° 47), *lisez :* (N° 49).
— ligne 9, *au lieu de :* (N° 45), *lisez :* (N° 47).
Page 78, lignes 5, 12, 22 ; — page 79, lignes 3, 10, 11. 20 ; — page 81, ligne 18 ; — page 85, lignes 18, 19, 25 ; — page 86, lignes 3, 7, 12, 13, 15, 17, 19, 20 ; page 87, lignes 6, 10, — *au lieu de :* dixaines, *lisez :* dizaines.
Page 114, ligne 9, *mettez une virgule après 6 et après 15, comme suit :* 6, unités, etc. ; 15, partie, etc.
Page 134, ligne 2, *au lieu de :* (N° 46), *lisez :* (N° 48).

———

Vers la fin de l'année, il paraîtra un second volume in-8°, qui sera le complément indispensable de celui-ci.

Il se composera d'un choix très-varié de problèmes, tous développés et résolus avec le plus grand soin, et, pour la plupart, par des procédés aussi simples qu'ingénieux.

TABLE DES MATIÈRES CONTENUES DANS CE VOLUME.

Dieppe.—Em. Delevoye, impr.

9 782329 776057